クリエイターの為の
宝石事典

JN119152

天然石ジェムストーン
それは、
地球の悠久の
時間スケールの中で
形成された
奇跡――

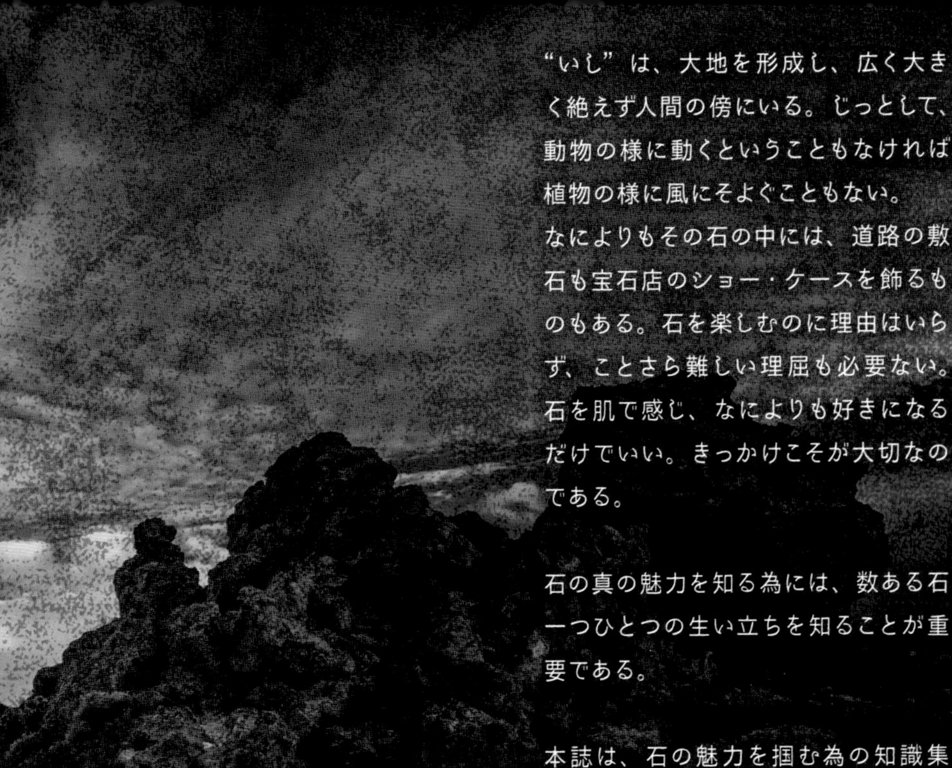

“いし”は、大地を形成し、広く大きく絶えず人間の傍にいる。じっとして、動物の様に動くということもなければ植物の様に風にそよぐこともない。
なによりもその石の中には、道路の敷石も宝石店のショー・ケースを飾るものもある。石を楽しむのに理由はいらず、ことさら難しい理屈も必要ない。石を肌で感じ、なによりも好きになるだけでいい。きっかけこそが大切なのである。

石の真の魅力を知る為には、数ある石一つひとつの生い立ちを知ることが重要である。

本誌は、石の魅力を掴む為の知識集となるべく2011年に初版が発刊された「天然石のエンサイクロペディア」（亥辰舎刊）を元に、鑑別家飯田孝一の著書から、その石の背景や伝説を中心に抜粋し、一部を書き直して調整、一部を書き加えた一著である。

古代の人々は、
この石が
未知数のパワーを
秘めていると考えた。

著者は石に魂があるとは思わない。
しかしである。
本来が無味無機質なはずの石たちは
何かを話しかけてくるかの様だ。

古代に於いては、自然現象はすべてが人間の知識外のものだった。
陽が差し、風が吹き、雨が降り、そして雪が舞う。夜になってまた朝が来る、そして地震や山火事など、古えの人はすべてが天界の神々の成す事と考えたのだ。
当時の人は、身近にある動植物でさえも神が作り出したものだと考えた。鉱物や岩石はなおさらの事。それらの中にあって、特別に色鮮やかできれいな石には特別な精霊が宿っていると考えた様だ。
今日、誕生石に付けられている象徴もパワーストーンの解釈も、当時の人々がおそらく想像したであろう石に対するイメージを文字で表現したものだ。

“スピリチュアルな世界での”石の捉え方や、石自体にエネルギーが備わっていると考える“パワー・ストーンという”捉え方、また“風水”に石の魅力を取り入れたり、石の情報に“風水的”な内容を組み合わせて独自に作り出した解釈もある。また“リーディング”と石の解説を組み合わせたものもある様だ。リーディングとは、人々を誘っていく特殊なストーン・ヒーリングである。

石を持つと癒されるというのは、
私たち人間が過去から持ち続けてきた
記憶のDNA
の中に潜んでいるのかもしれない。

しかしそれらの解説の中には、宝石としての解釈の部分に何ら科学的な根拠が見当たらないものが多い。少し前にブームとなった“マイナスイオン”にしても、それが石がどの様な原理でそれを発生し、そして私たちの体のどの部分にどの様に働きかけ、どの様に効果を表わすのかといった科学的根拠に基づいての証明はない。

石を持つと癒されるというのは、私たち人間が過去から持ち続けてきた記憶のDNAの中に潜んでいるのかもしれない。しかし石がエネルギーを発し、人間の体に良い効果を与えてくれるという解釈は、まだ石を科学的に見る事ができなかった過去の時代の話である。

ストーンパワーはそれを持つ人の捉え方にある。つまり石を持つ人の心の中にあるのであって、無機物である石自体から、決してパワーは出てこない。宝石として知られている美しい石や鉱物達を見ていると、確かに心があらわれ安らげる気持ちになる。これは植物やペットを近くにしていても同じ事で、要は石を好きになり、探究心が増してくればパワーは感じなくなるはず。
筆者は幼少の頃、古遺跡を掘った時、顔を出した土器を通して縄文人の息吹に触れたと感じた記憶が未だに忘れられない。鉱山では岩肌を叩いて晶洞が開き無数の水晶が顔を出した時、マグマの流れを見た感じがした。しかしそれはすぐに現実のものとなり、5000 年もの間、土器はどうして土に同化しなかったのか、水晶は穴の中で変質しなかったのかという方向に思考が動いた。
鉱物の定義は［自然界に存在する生命力のない、ほぼ一定の化学組成と原子配列を有する物質で、自然水銀と水を除いては固体物質］であり、鉱物自体は動植物の様に増殖をしない。放射線を出す鉱物はあるが、そのまま一定の場所に置いておくだけでは遠赤外線を発する事もないのである。
ソーダライト・グループの鉱物で『ハックマナイト』という変種がある。この鉱物、含まれている不純物成分の硫黄が影響して紫外線に触れるとたちまち異なる色に変化し、紫外線に触れなくなると元の色に戻っていくという不思議な性質を持っている。結晶学者の研究の結果、その変色のメカニズムはわかったが、一昔もふた昔も前であればまだ紫外線の存在すら知られていない時代である。おそらくはそれは神の仕業と考えた事だろう。『アレキサンドライト』だって発見当初は大変に不思議な宝石であった。何しろ昼と夜とでその色をがらりと変えてしまうのだから。
宝石の魅力には、いわゆる“擬似の科学”が付きまとう様だ。宝石はそれらのイメージと重ねて解説すると魅力が倍増するからだが、その石の本質を十分なまでに理解しておかないと本末を転倒する事にもなってしまう。

Contents

宝石や鉱物が産出してくる状態には「結晶」の形を見せるものと「塊り」の状態に見える大きく２つのタイプがある。本誌では宝石と鉱物という静物体を歴史という視点から見つめ直してみた。そこで分類の基準を個々の宝石鉱物を構成している結晶因子という次元で区分して、それぞれの結晶系別で色分けしてまとめた。

鉱物の種類は多くあるが、その中で宝石として使われているものは、古い時代には20種類程度だった。今では世界中で美しい石が見つかって、宝石らしい美しい石は優に100種類は超えている。現在、地球上ではおよそ4700種類の鉱物が発見されているが、それらの中で、カットできる大きさと内容を備えたものは3割程度だろうと考えられる。それに加えて珍しい岩石や化石までがカットされており、天然石としてデータがないままに、流通する種類は2000を超えている。

本書の読み方

この本では現在の宝飾市場に流通している宝石の中から、スピリチュアル・ネームやパワー・ストーン・ネームは学術名ではないという理由から使わず、正式な宝石名称を使ってまとめた。またローカル・ネームやフォールス・ネームは基本的に使用していない。

データ中の英名は[国際鉱物学連合新鉱物名委員会]で採用されている名称を使い、結晶系の表示は、六方晶系を“六方晶系と三方晶系”の2つに分けた7晶系方式を採用し、等軸・六方・三方・正方・直方（旧斜方）・単斜・三斜と表記、その中の三方晶系の表記の際には、六方晶系（三方晶系）とした。

宝石や鉱物が産出してくる状態には「結晶」の形を見せるものと「塊り」の状態に見える大きく2つのタイプがある。本誌では宝石と鉱物という静物体を歴史という視点から見つめ直してみた。そこで分類の基準を個々の宝石鉱物を構成している結晶因子という次元で区分して、それぞれの結晶系別で色分けしてまとめた。

結晶系とは鉱物の結晶において、結晶の外形や構造を示すために、結晶内部に中心を通る結晶軸を設定して分類したもの。

等軸晶系…とうじくしょうけい｜結晶軸は3本で軸の長さが同じ。全て90度の角度で交わっている。

六方晶系…ろっぽうしょうけい｜結晶軸は4本でうち3本の長さが同じ。3本が120度の角度で1本が90度で交わっている。

正方晶系…せいほうしょうけい｜結晶軸は3本でうち2本の長さが同じ。全て90度の角度で交わっている。

直方晶系…ちょくほうしょうけい｜結晶軸は3本で軸の長さは全て異なる。全て90度の角度で交わっている。

単斜晶系…たんしゃしょうけい｜結晶軸は3本で軸の長さは全て異なる。2本が90度の角度で1本が斜めに交わっている。

三斜晶系…さんしゃしょうけい｜結晶軸は3本で軸の長さは全て異なる。全て斜めで交わっている。

宝石名が鉱物種名と同じであるものはそのままに記載してあるが、エメラルドやルビーやネフライトの様に宝石名称の方が知られているものは、敢えて鉱物名称を使わずに宝石名称の方をタイトル名として使ってある。

レーダーチャートの人気度は、日本彩珠宝石研究所が、同所に鑑別目的・研究目的で持ち込まれる宝石種と、業者による輸入内容などを加えて統計した独自の観点からのもので、出版時点（2020年9月）に於ける順位の数値である。

データで示した硬度・屈折率・比重について。

硬度…モース硬度。鉱物をこすり合わせて、どちらに傷がつくかで判断した10段階の硬さの値。

屈折率…宝石の内部に入った光が、その石質（媒体）に合わせて折れ曲がる屈折の程度を示す値。屈折率が高いほど、反射する光の量が多くなる。

比重…石の密度を示す値。石の重さと同じ体積の水の重さを比較したもの。値が大きいほど重い。

色別索引

58 蛋白石 オパール

黄金色
24 青玉 サファイア
27 電気石 トルマリン

黄褐色
46 十字石 スタウロライト
52 虎眼石 タイガー・アイ

黄銅色
15 黄鉄鉱 パイライト

黄白色
57 琥珀 アンバー

淡黄色
38 珊瑚 コーラル
49 軟玉 ネフライト

黄色
14 金剛石 ダイアモンド
17 蛍石 フルオライト
19 燐灰石 アパタイト
22 方解石 カルサイト
24 青玉 サファイア
26 菱亜鉛鉱 スミソナイト
27 電気石 トルマリン
33 碧玉 ジャスパー
35 苔瑪瑙 モス・アゲート
37 砂金水晶 アベンチュリン・クォーツ
39 風信子石 ジルコン
41 黄玉 トパーズ
42 橄欖石 ペリドット
43 真珠 パール
47 黝輝石 スポジュミン
48 月長石 ムーンストーン
50 翡翠輝石 ジェダイト
52 虎眼石 タイガー・アイ
57 琥珀 アンバー
58 蛋白石 オパール

黄緑色
33 碧玉 ジャスパー
39 風信子石 ジルコン
42 橄欖石 ペリドット
47 黝輝石 スポジュミン
49 軟玉 ネフライト
50 翡翠輝石 ジェダイト
56 土耳古石 ターコイズ
57 琥珀 アンバー
58 蛋白石 オパール

韮緑色
33 碧玉 ジャスパー

緑色
14 金剛石 ダイアモンド
17 蛍石 フルオライト
19 燐灰石 アパタイト
20 翠玉 エメラルド
22 方解石 カルサイト
24 青玉 サファイア
27 電気石 トルマリン
32 緑玉髄 クリソプレーズ
33 碧玉 ジャスパー
37 砂金水晶 アベンチュリン・クォーツ
42 橄欖石 ペリドット
45 珪孔雀石 クリソコーラ
47 黝輝石 スポジュミン
49 軟玉 ネフライト
50 翡翠輝石 ジェダイト
51 孔雀石 マラカイト
54 滑石 タルク
56 土耳古石 ターコイズ
58 蛋白石 オパール

褐緑色
42 橄欖石 ペリドット

黒緑色
49 軟玉 ネフライト
61 テクタイト/モルダバイト

緑灰色
51 孔雀石 マラカイト
54 滑石 タルク

白緑色
32 緑玉髄 クリソプレーズ

淡緑色
20 翠玉 エメラルド
32 緑玉髄 クリソプレーズ
41 黄玉 トパーズ
48 月長石 ムーンストーン
57 琥珀 アンバー

青緑色
26 菱亜鉛鉱 スミソナイト
32 緑玉髄 クリソプレーズ
45 珪孔雀石 クリソコーラ
47 黝輝石 スポジュミン

緑がかった水色
18 藍玉 アクアマリン
55 曹灰針石 ペクトライト

淡青色
44 藍銅鉱 アジュライト
48 月長石 ムーンストーン

水色
17 蛍石 フルオライト
18 藍玉 アクアマリン
27 電気石 トルマリン
41 黄玉 トパーズ
45 珪孔雀石 クリソコーラ
50 翡翠輝石 ジェダイト
55 曹灰針石 ペクトライト
56 土耳古石 ターコイズ

藍青色
44 藍銅鉱 アジュライト

青色
14 金剛石 ダイアモンド
17 蛍石 フルオライト
18 藍玉 アクアマリン
19 燐灰石 アパタイト
22 方解石 カルサイト
24 青玉 サファイア
27 電気石 トルマリン
37 砂金水晶 アベンチュリン・クォーツ
39 風信子石 ジルコン
40 菫青石 アイオライト
41 黄玉 トパーズ
45 珪孔雀石 クリソコーラ
56 土耳古石 ターコイズ
57 琥珀 アンバー
58 蛋白石 オパール
63 青金石 ラピス・ラズリ

黒味の青色
40 菫青石 アイオライト

紺青色
63 青金石 ラピス・ラズリ

灰色がかった青色
40 菫青石 アイオライト

紫青色
40 菫青石 アイオライト
53 チャロ石 チャロアイト

紫色
14 金剛石 ダイアモンド
17 蛍石 フルオライト
19 燐灰石 アパタイト
21 紫水晶 アメシスト
24 青玉 サファイア
27 電気石 トルマリン
36 杉石 スギライト
37 砂金水晶 アベンチュリン・クォーツ
47 黝輝石 スポジュミン
50 翡翠輝石 ジェダイト
53 チャロ石 チャロアイト
58 蛋白石 オパール

紫赤色
22 方解石 カルサイト
30 紅玉 ルビー

褐色がかった紫色
21 紫水晶 アメシスト

紫灰色
21 紫水晶 アメシスト
53 チャロ石 チャロアイト

淡紫色
43 真珠 パール

黄色橙色を混じえる濃淡の緑色地に赤色斑点色
34 血石 ブラッドストーン

青色と白色の斑
63 青金石 ラピス・ラズリ

濃淡の緑色地に赤色斑点
34 血石 ブラッドストーン

本書の写真では、その宝石の典型的な色味のものを掲載しております。原石やカット石、その色バリエーションなど全容を確認したい場合は、『天然石のエンサイクロペディア』(亥辰舎刊|3800円+税|ISBN978-4904850084)がおすすめです。

誕生石 *Birthstone*

1月 ガーネット
January

2月 アメシスト
February

3月 アクアマリン
March

4月 ダイアモンド
April

5月 エメラルド
May

6月 真珠
June

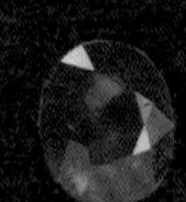
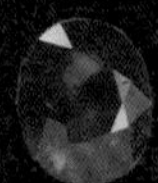
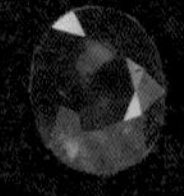

7月 ルビー
July

8月 サードオニキス
August

9月 サファイア
September

10月 オパール
October

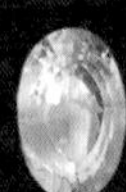
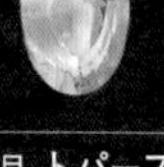

11月 トパーズ
November

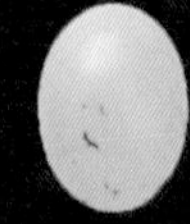

12月 トルコ石
December

生まれ月に因んで選ばれた宝石で、色が持つ意味、宝石に当てはめられた象徴を組み合わせて選ばれている。12ヶ月に相当する石種があり、現在使用されている分類は1912年にカンザス市で開催されたアメリカの宝石小売商組合の会議で選出されたものである。制定後に各国に於いて多少の変動があり、各国の特殊性が加えられている。
誕生石はその起源が明確ではない。17～18世紀頃にポーランドに移住したユダヤ人が始めた習慣と考えられている。当初は、12ヶ月に当てはめられた宝石を一人が月毎に変えて着装する場合と、着用者の生まれ月に選定されている宝石を年間を通して着用し続ける場合があったと考えられている。
その月別の宝石種選定の元になったのは、聖書に書かれてある、"12の基石"、"イスラエルの12の部族を象徴する石"、"12の天使"、"天体の12宮(星座)"、"ブレスト・プレート(司祭の胸当て)"である等諸説がある。
その後の時間に多くの迷信や伝説、石の由来というものが組み合わされて17～18世紀にユダヤ人が身に着けたと考えられる。この選出は1952年に一部改訂された。
この他、合成石をもって組み合わされた「ホープ誕生石」もある。

結婚記念日に指定されている宝石

Wedding anniversary stone

アメリカの宝石小売商組合で制定されたもので、1948 年に再改訂された。

結婚年数	記念石
3 年目	クォーツ
10 年目	ダイアモンド
11 年目	その年の流行の装身具
12 年目	真珠、アゲート、カラー・ストーン
13 年目	ムーンストーン
14 年目	モス・アゲート、象牙
15 年目	クォーツ
16 年目	トパーズ
17 年目	アメシスト
18 年目	ガーネット
23 年目	サファイア
26 年目	ブルー・スターサファイア
30 年目	ダイアモンド、真珠
35 年目	ヒスイ、コーラル
39 年目	キャッツアイ
40 年目	ルビー
45 年目	サファイア、アレキサンドライト
52 年目	スター・ルビー
55 年目	エメラルド
60 年目	イエロー・ダイアモンド、ダイアモンド
65 年目	グレー・スターサファイア
67 年目	バイオレット・スターサファイア
75 年目	ダイアモンド

等軸晶系 *Cubic system*

金剛石 こんごうせき

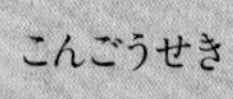

ダイアモンド

英語 *Diamond* 中国語 金剛石

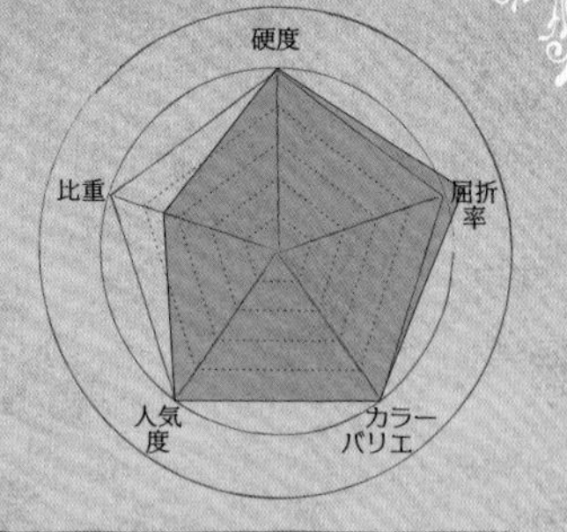

硬度	10
比重	3.52
屈折率	2.42
色	

象徴　永遠の絆、清浄無垢

征服することが不可能

ほとんどの鉱物は複数の元素の組み合わせでできているが、ごく少数のものは単体の元素の結合から出来ている。宝石として使われているのは唯一『ダイアモンド』だけである。

ダイアモンドは別名を「白い炭素」と言うが、同じ成分の鉱物である黒い『グラファイト Graphite（石墨(せきぼく)）』に対して呼んだもの。

黒い炭素が白い（透明な）状態になるには最低でも摂氏 2,000℃7万気圧以上の条件が必要とされている。その様な事が起こる場所は、地球内部の130 ～ 200km の深さのマントルと呼ばれる場所。それよりも浅い地表に近い場所では白い炭素にはならず、石墨の方が安定。

せっかく結晶したダイアモンドも、マントルの運動によってゆっくりと地表に向かって運ばれていくと、結晶の周囲からゆっくりと溶けたり、石墨に変化してしまう事もある。

その様になる運命を変えたのが地殻変動である。ダイアモンドを含んでいる岩石は変動で粉砕され、そこに流れ込んできたマグマの流れに乗って、裂け目を通って一瞬に通過して地表に運び上げられた。その時の速度は東海道新幹線並みであった。マグマに包まれた岩石は噴出した地表で一気に冷却、ダイアモンドは変化せずに残り、人の目に触れる事になった。

人類がダイアモンドを包み込んだ岩石を初めて見つけた場所は、南アフリカのキンバリー。19世紀後半の事だが、じつは人類とこの宝石の出逢いは遥か昔に遡る。

史実から確実に言える事はこの石を最初に知ったのはインド人。インドでは王族がこの石を占有物としていたが、宝石商人はその禁令を破って西方の帝国ギリシャに持ち込んだ。当時ギリシャで知られていた最も硬い宝石はルビーであったから、それよりも何倍も硬いこの石に対して、詩人ヘシオドスは“アダマス adamas（征服しがたいもの）”と呼んだ。やがてその言葉はラテン語の「adamantis」を経緯して、英語のダイアモンドとなる。

等軸晶系 *Cubic system*

黄鉄鉱 おうてっこう

パイライト

英語 *Pyrite* 中国語 黄铁矿

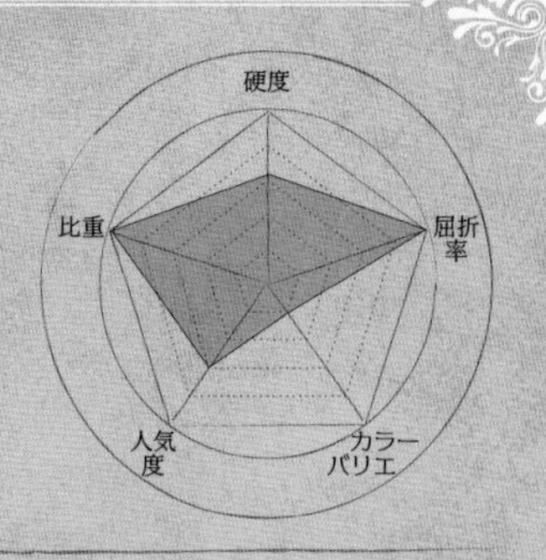

硬度	6～6.5
比重	4.95～5.10
屈折率	測定不可 （1.81～）
色	

象徴	危険からの回避 意識の高揚

愚者の金と呼ばれた

硫黄と鉄分が結びつく事によってできる。熱水鉱床や噴気性の鉱床等、火山活動の活発な高温の酸性の場所で形成される。

パイライトは、古代には火打石として使われた石の1つである。15世紀に発明された"ホイールロック"という火打石式の銃は、撃鉄部分にパイライトを使っていた。

『パイライト Pyrite』と呼んだのはアメリカの鉱物学者ジェームズ・デーナ。1868年の事で、彼はラテン語の「火打ち石 pyrites」から英語のPyriteという名前を付けている。

パイライトは、濃い真鍮色で色調が自然金と紛らわしい為に"フールズ・ゴールド Fool's gold"という俗称がある。"愚者の金"とか"馬鹿者の金"という意味だが、"猫の金"という名前もある。

18世紀の中頃に、小さなパイライトの結晶がローズ・カットされて高価なダイアモンドの代わりに使われた。

【同質異像】の関係にある鉱物で、『マーカサイト（直方晶系）』はパイライトよりも淡い色だが、年月の経過と共に空気中の水分と反応して表面に硫酸第一鉄の被膜を生じて黒ずんでくる。その反応はパイライトよりも早く、しまいには硫酸を生じてボロボロに分解してしまうものまである。

かつて2つは同じ鉱物だと思われていて、アラビア語の「marcasita」という言葉から転用した『マルカジット Marcasite』という名前で呼ばれていたが、オーストリアの鉱物学者ウィリアム・ハイディンガーの研究により1845年に両者が違う種類だと分かった。その時彼は直方晶系の方に"Marcasite"の名前を残し、"マーカサイト"という英語での異形読みをした。

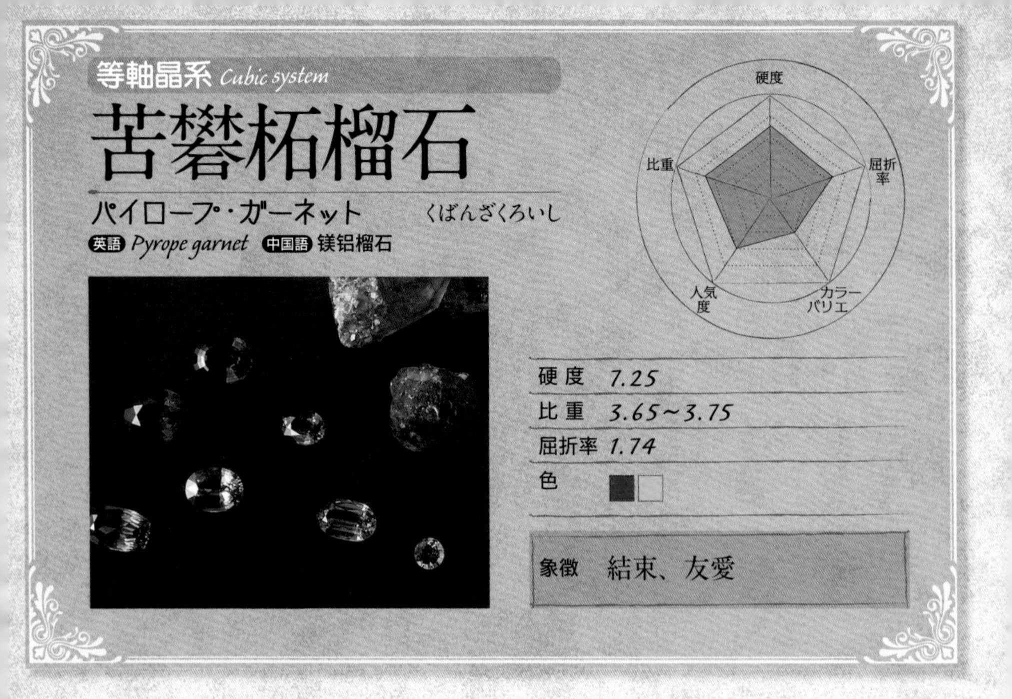

等軸晶系 *Cubic system*

苦礬柘榴石

パイロープ・ガーネット　くばんざくろいし

英語 *Pyrope garnet*　中国語 镁铝榴石

硬度	7.25
比重	3.65～3.75
屈折率	1.74
色	

象徴　結束、友愛

ノアの箱船の内部を明るく照らし続けた

ユダヤの伝説の中で、大洪水の後、漂流している間中ノアの箱船の内部を明るく照らし続けたのがパイロープであったとされる。別の民族の伝説では、この石を身に着けていると、あらゆる災いから身を守り、特に戦いの時には絶対に傷つかないと信じられた。この石で作った弾丸はかなり強力で、当たった者に必ず死を与えるとも考えられた。中世期には「カーバンクル carbuncle」として護符的に使われた。特にヴィクトリアン期のヨーロッパでは装飾用の宝石として注目され、もっぱらチェコ産のものが使われた。やがて、“ボヘミアン・ガーネット”という名で一大加工産業まで発展したが、しかしより良質のものが南アフリカから発見された為に、チェコの石はたちまち人気を失って、産業は衰退に向かうことになる。

本来パイロープは、その成分から色を出すイオンを持たないガーネットである。理論的には無色透明なはずだが、その様なものは現実には存在せず、パイロープは常に赤い色をしている。常にアルマンディン（鉄礬柘榴石）と混和しているからだが、それでもイタリアのピエモンテから発見されるものの様に、かなり端成分に近く僅かにピンク色を帯びる程度のものもある。逆にクロム（Cr）を多量に含み『クロム・パイロープ』という亜種名で呼ばれるものもあり、血の様に鮮やかな色を見せる。

そのパイロープとアルマンディンが混じり合った中でほぼ中間的なものが、よく知られた『ロードライト（Rhodolite）・ガーネット』である。

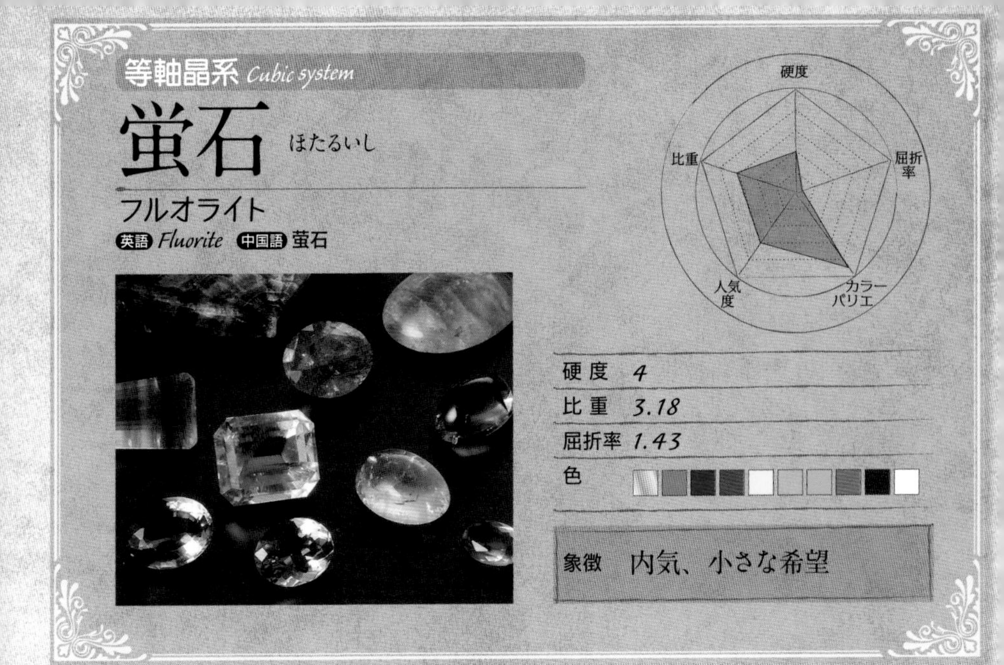

冶金の融剤として使われた弾け飛びながら光る石

フルオライトの和名（蛍石）は、この鉱物のもつ物理的な現象に着目して名付けられている。この鉱物のかけらを火にくべると、パチパチと乾いた音を立てて、光りながら弾け飛ぶ。その様は暗い場所では衝撃で、蛍が飛び交う様に見えかなりの印象である。この現象を【蛍光 fluorescence】と呼ぶ。フルオライトは「紫外線 ultraviolet」の照射によっても発光する。紫外線により発光する現象はこの鉱物で最初に発見された。したがって蛍光現象の事を「フルオレッセンス」と呼ぶのはこの事から。しかし英名はフルオレッセンスに対して付けられたものではないのである。呼称の起源はラテン語の“溶けて（fluere）流れる”で、じつはヨーロッパでは、古くから金属を精錬する際にこの鉱物を使っていた。鉱石と共に溶鉱炉に投入すると、鉱石の中から金属を溶かし出す働きをするからで、この様なものを［融剤 flux］と呼ぶ。この様に、英名と和名はまったく別の次元から付けられていたのである。

フルオライトは宝石としての使用の歴史も長い。『ブルー・ジョン Blue john』と呼ばれるフルオライトがある。縞状を成すフルオライトで、濃淡の紫色のバンドの間にブルーや黄色の縞を混じえる塊状の原石である。最初にフランス人が“青黄色（bluejaune）”の石と呼んだのが縮まったもので、イギリスのダービーシャー州のキャッスルトンに産するものが有名である。縞状の層は、細かな微結晶が集合して出来ているもので、ロードクロサイトやマラカイトにも特徴的に見られる成長の形態である。

広範囲に亙って産出する鉱物で、形と色合いの美しさから鉱物標本としては特別な人気がある。サイコロ形（6面体）の結晶が普通だが、8面体のものは産出頻度が少ない。両者の混合した形（集形という）にも結晶し、双晶する事も普通。

宝飾の市場で8面体結晶として売られているものは、まずほとんどが6面体の結晶から劈開性を利用して人為的に割って作ったものである。

六方晶系 *Hexagonal system*

藍玉 らんぎょく

アクアマリン

別名：藍柱石・緑柱石

英語 *Aquamarine* 中国語 海藍宝石

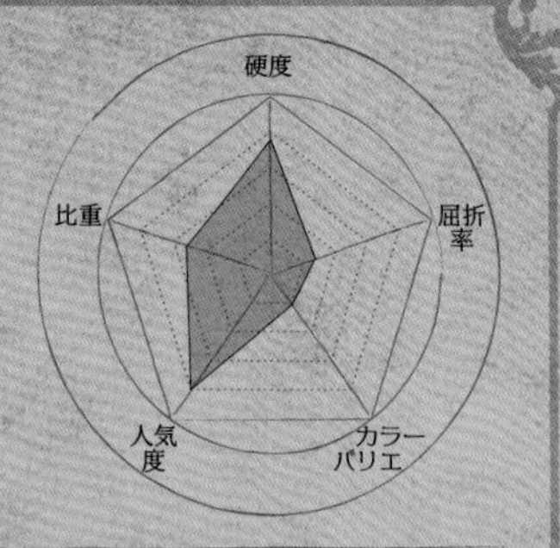

硬度	7.5～8
比重	2.63～2.83
屈折率	1.57～1.58 / 1.58～1.59
色	

象徴　沈着、勇敢、聡明

海の妖精の宝物

ヨーロッパでは古代から特別人気のあった宝石で、ラテン語で“海の水”を意味する名前として、アクアマリンと呼ばれる様になった。ギリシャ神話の中に「大洋の底に住む海の精がもっていた宝物が、嵐によって海が大きく荒れた為に海岸に打ち上げられて発見されたもの」とある。そこから“沈まない、浮かび上がる”という縁起が生まれたのだろう。為にヨーロッパでは、この石は古くから軍船団の兵士達のお守りとして使われてきた。

当時は意匠を凹まして彫り付ける［インタリオ］と呼ばれる形式でアクアマリンの印章指環が多く作られた。しかし宝石の印章は大きな結晶を選ばなければ作れない。当時はもっぱらインドやウラルの原石が宝石商人によってヨーロッパに持ち込まれていたとされているが、筆者は印章に作り易い結晶の形やそれを産する地理的な交通事情から考えて、アフガニスタン辺りのものが運ばれたと考えている。

アクアマリンはエメラルドと同じ「ベリル族」の宝石で、水色は微量な鉄（Fe）イオンがもたらしている。そのイオンは1つの結晶の中で複数の形態をとって存在し、それが原因で水色には緑や黄色味が加わっている。アクアマリンが熱を加えると澄んだ水色に変化するのは、鉄イオンが1つの形態に整えられる為である。その際、インクルージョンの状態によってはそこから割れてしまう事があるので、前もってクリアな部分のみをカットしておく。

結晶学上の理由から、アクアマリンはエメラルドよりもインクルージョンが少ないという傾向にあるが、熱を加える為に前もって原石を仕立てるという事がよりその傾向を顕著なものとしている。

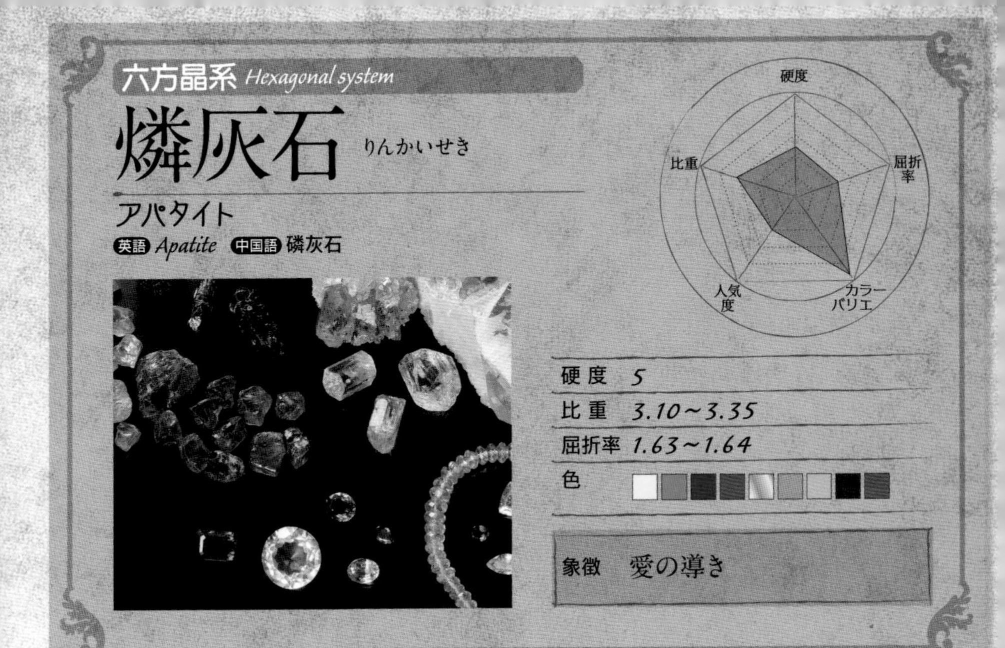

「ごまかす・騙す」が語源 捉えどころのない宝石

「アパタイト」はカルシウムの燐酸塩鉱物のグループに対する名称だが、その語源がユニークで、“ごまかす”とか“騙す”という意味のギリシャ語が元になっている。

アパタイトの結晶は複数の形状（晶癖という）を示す事から1つの鉱物に見えない事がある。ベリルだと思ったらアパタイトだったなんて事も実際にある。その捉えどころがない状態から語源は生まれたと思われるが、実際にこの鉱物の多様な化学組成の方がじつは捉えどころがない。漢字で燐灰石と名付けたのは明治時代の小藤文次郎。彼は化学成分から燐灰石の名を付けた。

アパタイトはフッ化物と塩化物、そして水酸化物のイオンの含有量により分けられるが、同族どうしで広範囲に固溶体を形成する為、100%純粋なアパタイトは現在時点でも知られていない。その中で最も普通に産出するアパタイトは、弗素の多いフルオルアパタイトである。

アパタイトはかなり多くの色をもっているが、そのすべての色は軟らかな魅力があり、キャンディー・カラーとでも呼んでみたい様な雰囲気がある。その中のいくつかの色には、固有の名称が付けられている。

アパタイトは［生体鉱物 biomineral］を形成する事でも知られる。水酸燐灰石は微細結晶の状態で集合して、哺乳動物の骨や歯の「硬組織」を形成する。生体との融合性も良い事から、人工骨や人工歯根の素材としても使われている。

この鉱物は工業原料としての方が重要な用途をもっていて、燐の鉱石として採掘される。よく知られたところでは、マッチや肥料の製造に使われている。

『グアノ Guano』もアパタイトの一種で、名称の語源は「糞」という意味の“huano”。珊瑚礁の離島に、海鳥や蝙蝠の排泄した糞、海鳥の死骸、餌の魚等が堆積し、数千年～数万年の長きに亘って化石化したもの。主要な産地は南米のチリ、ペルー、エクァドル、オセアニアの諸国である。

六方晶系 *Hexagonal system*

翠玉 すいぎょく

エメラルド

別名：翠緑玉・緑柱石

英語 *Emerald* 中国語 祖母緑

硬度 屈折率 カラーバリエ 人気度 比重

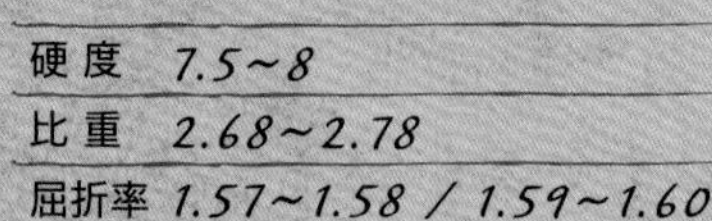

硬度	7.5～8
比重	2.68～2.78
屈折率	1.57～1.58 / 1.59～1.60
色	

象徴　幸運、幸福

大地の精霊が宿った石

この宝石は紀元前 4000 年頃のバビロニアで初めて宝石として使われたと考えられている。

しかし当時のものが今のエメラルドだったかどうかは正直のところわからないというのが真実なのである。古代の人々は緑色の宝石には大地の精霊のパワーが宿っていると考えていた。その当時は緑色の石の事をラテン語で「スマラグドス smaragdus」と呼んでいた。後にその名前はギリシャ語で「スマラグズ smaragds」と呼ばれる様になったが、それらの中には今でいうアクチノライトやエピドートもあった様で、色の微妙な違いによりランク分けされていた。

やがてその名前はペルシャ語を経て英語の『エメラルド Emerald』となるが、それらの中で最高のスマラグズとされたのがクロムで着色されたエメラルドなのである。

そのエメラルドは、着色の成分とそれが成長してくる条件からインクルージョンが多く発生するのが最大の特徴。“インクルージョンのないエメラルドを探すのは、砂場に落とした 1 本の針を探す様なものだ”とまで言われる。そこで生まれたのが「モッシー mossy（フランス語ではジャルダン jardin）」という愛称。インクルージョンが多く見られる状態を、藻（も）が多いという表現を使ったという訳。ジャルダンは庭（にわ）という意味。

世界で最も美しいエメラルドを産出するのは南米のコロンビア。この地のエメラルドのインクルージョンは特殊なもので、結晶の中に生じた微細な空洞内には塩水が入っている。コロンビアはアンデス山脈の中腹に位置し、かつては海の底だった場所。閉じ込められた塩水の中に岩塩の結晶を含むという珍しいものだが、もっとも数十倍に拡大しないとはっきり確認できないほど小さい。

鉱物標本界でのエメラルドの色の評価はルビーの如くアバウトなものが多く、宝石の世界ではエメラルドとしては評価されないものもある。

六方晶系 *Hexagonal system* ｜三方晶系 *Trigonal system*

紫水晶 むらさきずいしょう

アメシスト

英語 *Amethyst*　中国語 紫水晶

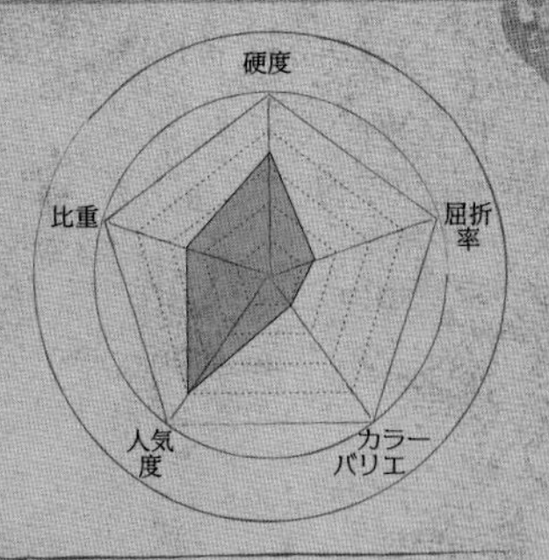

硬度	7
比重	2.65
屈折率	1.54～1.55
色	

象徴	誠実、心の平和 邪気予防

酒神バッカスが石に変えた乙女の魂

1世紀の頃、西洋でフラビウス・ヨセフスという人物によって書かれた［ユダヤ古代史］の中に『アーラマーAhlamah』という名前で紫色の水晶が登場する。紫色の水晶は英語名で『アメシスト』と呼び、水晶の色変種の中では最高位に評価されている。

その名はギリシャ語の“amethystos”に由来していて、神話に登場する。「酒神バッカス（ディオニュソス）」の悪戯で石に変わってしまった可憐な少女アメシストamethystの名前が元になっていて、酒神の名に因み『バッカス・ストーンBacchus stone』の別名もある。バッカス神が少女を自分の思いどおりにすることが出来なかったという伝説のせいか、この石を身に着けていれば酒に酔わないという話までもが作られた。

我が国では、紫はもっとも高貴な色とされるからか、この宝石は古くから万人にもっとも愛好された。いうまでもなくブラジルは最大の産地であるが、我が国からも良質のものを産し『加賀紫』の名で珍重された。

3世紀の頃の中国で［神農本草経（しんのうほんぞうけい）］という本が書かれた。それは世界で初めての薬学書である。その中に“粉末にして服用すると不老長寿の効が得られる”とあるのがアメシストである。アメシストは微量の鉄（Fe）イオンで美しい紫に発色している。不純物として存在している鉄分の効果で人体の代謝作用が上がったのだろう。

その水晶が“妙薬”として取り扱われているのだが、しかし当時は水晶の中に鉄イオンがあるという事は知られていなかった。

六方晶系 *Hexagonal system* ▌三方晶系 *Trigonal system*

方解石 ほうかいせき

カルサイト

英語 *Calcite* 中国語 方解石

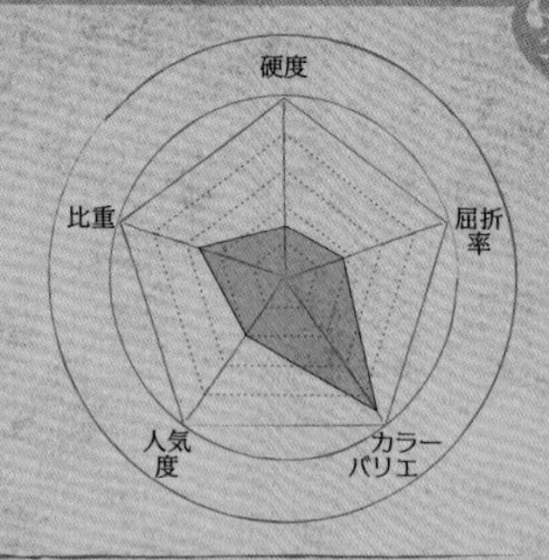

硬度	3
比重	2.69～2.82
屈折率	1.49～1.66
色	

象徴 繁栄、希望、成功

パルテノン神殿の大理石芸術

『方解石・カルサイト』という名前は、水晶と共に誰でもが子供の頃から知っている名前である。“金槌で叩くとどんなに小さくなってもマッチ箱を押しつぶした様に割れる”“結晶を通して下の文字を見ると2つにズレて見える”という知識は記憶の隅にある。しかし良く知られた鉱物の割には、宝石の世界ではその姿をたまにしか見ない。

この結晶が集合した“大理石”は装飾用石材として使用され、ギリシャ時代から美しい彫像が作られた。有名なパルテノン神殿は大理石芸術の白眉。

カルサイトという英名は、ギリシャ語の“石灰（カルシウム）の石”を語源としている。古来から、体の熱を上げる為の石薬として使われていた。しかしその和名はいささか問題がある。方解石とは四角く分解するという意味だが、この石は菱形に割れる。本当は「菱解石（りょうかいせき）」ではないか。じつは方解石という名前は、もともとは「アンハイドライト（硬石膏）」の方に付けられていた。それがいつの間にやらカルサイトの方と入れ替わってしまったのである。しかしそうだと分かっても今更元には戻せない。じつはこの様な名称付けに於ける間違いは、鉱物界にはいくつか知られている。

石を通すと文字が2つに見えるという現象に着目した人がいる。これは複屈折という光学現象だが、1828年にイギリスのウィリアム・ニコルという物理学者は、そのカルサイトの結晶を使って「偏光（へんこう）プリズム」を作り出した。後にこのプリズムを搭載した偏光顕微鏡が発明され、それにより岩石学は急速な進歩を遂げた。

カルサイトなくしては、現在の岩石学は存在していなかったといっても過言ではない。

六方晶系 *Hexagonal system* ▌三方晶系 *Trigonal system*

水晶 すいしょう

クォーツ（ロック・クリスタル） 別名：石英

英語 *Quartz* 中国語 水晶

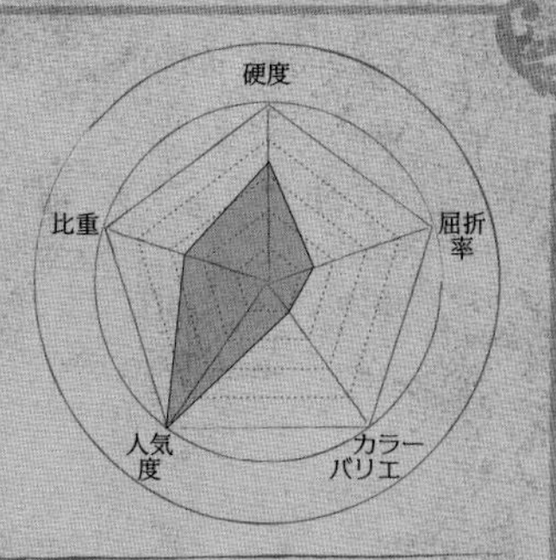

硬度	7
比重	2.65
屈折率	1.54～1.55
色	

象徴　万物との調和

水の妖精

地学の知識がなく自然現象がまだ超常現象の類と信じられていた頃、アルプスの山頂は透明で良質の水晶の産地として知られていた。今では【アルプス型鉱脈】として知られる熱水鉱床だが、地下から上がってきた熱水が様々な美しい鉱物や透明な水晶を多く形成した。古代のギリシャ人は、万年雪に覆われた氷の中から顔を出した水晶を見て、氷が石になったと思い「クリスタロス Crystallus」と呼んだ。中国では「水精」とよばれ、水が結晶したと考えられていた。

『ロック・クリスタル Rock crystal』は“透明な岩の結晶”という意味である。その結晶は「石英 Quartz」が大きく成長した形態状の亜種で、したがって水晶の宝石名は「ロック・クリスタル」という事になる。しかし日本の宝石界では、透明感がないものを「石英 Quartz」、透明度のあるものを「水晶 Rock crystal」と呼ぶ傾向にある。

水晶にはいくつかの色変種があり、アメシストやシトリンは良く知られるが、ロック・クリスタルは透明で大きなサイズのカット石が取れるというのが一番の魅力。大きな玉を磨く事もでき、トパーズの様に明瞭な【劈開（へきかい） cleavage（クリベージ）】がないので、自由な形にカットしたり彫刻できるという素材としての利点もある。

水晶自体は世界中に広く産出する鉱物なので、インクルージョンの種類も数え切れない。トルマリン、ルチル、アクチノライト、そしてエピドート、マイカ、水酸化マンガン鉱等など。水晶自体に色がない分、取り込まれているインクルージョンが効果的に美しく映える。

ブラジルは水晶の特出した産地で、中国は今それにせまりつつある。山梨県もかつては良質の水晶の産地として海外に知られた。甲府は最高の加工技術で、水晶の玉や印材を作り、地場産業の域を出ていた。

無色の水晶のカット・ネックレスは真夏にもっとも映える宝石。キラキラと涼しげで、以前は「切子（きりこ）ネックレス」と呼んで人気商品のひとつであった。

六方晶系 *Hexagonal system* ▌三方晶系 *Trigonal system*

青玉 せいぎょく

サファイア

英語 *Sapphire* 中国語 蓝宝石

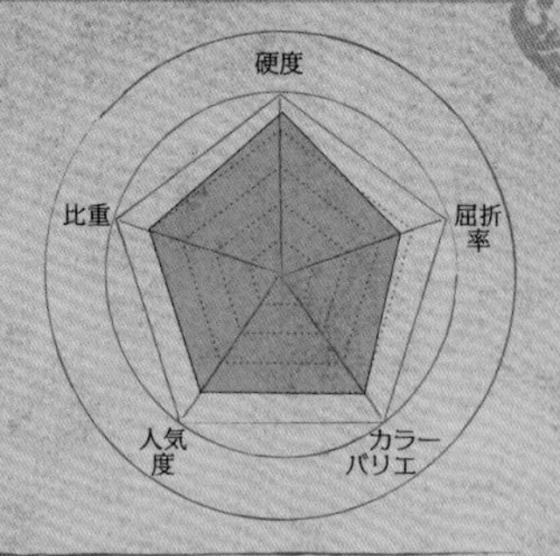

硬度	9
比重	3.99～4.05
屈折率	1.76～1.77 / 1.77～1.78
色	

象徴	憎悪感の緩和 霊魂の沈静

人々の住む大地はサファイアで出来ている

古代のペルシャでは、人々が住む大地はサファイアで出来ていて、大地に反射した太陽の光が空の青さを作り出していると考えていた。サファイアの名前の語源はラテン語の青い色という意味の“サッピールス sapphirus”。ローマのプリニウスは生前に書いた『博物誌』の中で、“サッピールスは青い色だが、稀に紫色のものがある。石の中に黄金の点があり、キラキラと輝いている。最上のものはメディア（イラン高原）から持ち込まれてくる”と書いている。しかし、それは今に知られるサファイアの事ではなかった。じつは当時はラピス・ラズリの事をサファイアと呼んでいたのである。では本当のサファイアはというと、博物誌の中では『ヒアキントゥス Hyacinthus』という名前で登場している。

当時は色の違いが石の違いだと思っていたから、サファイアはルビーとはまったく別の宝石だと考えられていた。

サファイアとルビーを同じ石であると解明したのはフランスのロメ・ド・リール。1783 年のことだが、1798 年にはイギリスのチャールズ・フランシス・グレヴィルが、双方の石が含まれる系統の名前を『コランダム Corundum』とした。彼はその名前を付ける時、サンスクリット語の「kuruvinda（クルビンダ）」を引用している。しかしそれはインド人がルビーを呼んだ名前だったのである。

その様な事実を経由しているからか、後に宝石のコランダムを分類する際、ラテン語にする（学名化する）のに赤い石を「ルベウス rubeus（赤い色）」という言葉を使って、青い石の方を「サッピールス（青い色）」として区分けしたのである。しかし、そのコランダムにはかなり多くの色があった事から、赤以外のものすべてがいつの間にかサファイアとされてしまったのである。そのサファイアは、結晶に不純物として含まれる金属酸化物により色が着いてる。純粋なものは理論上ではまったく色をもたないはずだが、現実に完全に無色のサファイアとなると天然では極めて稀なものとして知られている。

六方晶系 *Hexagonal system* ▌三方晶系 *Trigonal system*

辰砂 しんしゃ

シンナバー

英語 *Cinnabar* 中国語 辰砂

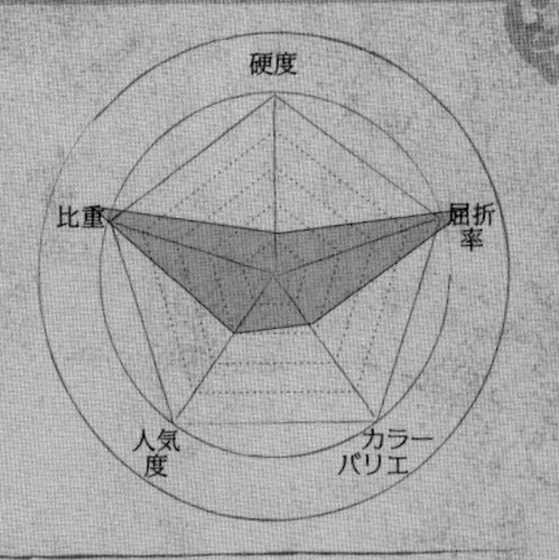

硬度	2～2.5
比重	8.09
屈折率	2.90～3.26
色	

象徴　魂の向上

竜の血　賢者の石

この鉱物は自形の結晶を成す事は少ない。通常は粒状の集合か塊り状を成して産出し、土状を成す事もある。熱水により変質した火成岩や変成マンガン鉱床にも見られ、温泉の沈殿物としても形成される。赤色が鮮やかな鉱物で、空気に晒されても変色しない。その点では顔料としては正にうってつけだが、光に当たると黒っぽく変色してしまうという欠点がある。

ペルシア語の zinjirfrah やアラビア語の zinjafr が語源で英名ができたとされるが、この言葉は“竜の血”を意味するという。その言葉には“赤色の絵の具”という意味もあるとされるが、古代人はこの鉱石を磨り潰して顔料としていたから、その説には理解できるものがある。その色素を「バーミリオン Vermilion」と呼ぶ。

スペインのアルマデンでは紀元前2000年頃から採掘が行なわれていた。一方最大の鉱床が中国の辰州（現在の湖南省辺り）や貴州省にある。

シンナバーから作られた顔料の“朱”を『丹（に・たん）』というが、中国の辰州産のものが有名で、いつしか辰砂（しんしゃ）と呼ばれる様になった。『朱砂（しゅさ）』ともいい、単結晶や結晶質の劈開片は中国では『鏡面辰砂』と呼ぶ。産出の珍しい辰砂の結晶は、光の反射が強くギラリと光るからである。

ところで古来中国やインドでは、この鉱物は不老長寿の霊薬とされた。特に道教では辰砂を主原料として丹薬を作る「錬丹術（れんたんじゅつ）」が発達した。その薬を飲むと不老不死を得、空中に浮き、大空を飛行し、神仙の境地を手にできるとされた。『賢者の石』という愛称もあり、今日でも漢方薬の世界ではこの鉱物を石薬（せきやく）として使う。しかしそれは専門の資格者と正確な処方箋あっての事で、鎮静、解毒薬として、精神不安定や、不眠症、めまいなどに効用がある。有機水銀や水に溶けやすい水銀の化合物に比べると水に溶けにくいので毒性は低いが、大量に摂取すると水銀中毒になる。それを中国やインドでは大量に摂取したのである。特に中国の皇帝達はこの石を多く服用、その結果いずれも短命であった。

六方晶系 *Hexagonal system* ▌三方晶系 *Trigonal system*

菱亜鉛鉱 りょうあえんこう

スミソナイト

英語 *Smithsonite* 中国語 菱锌矿

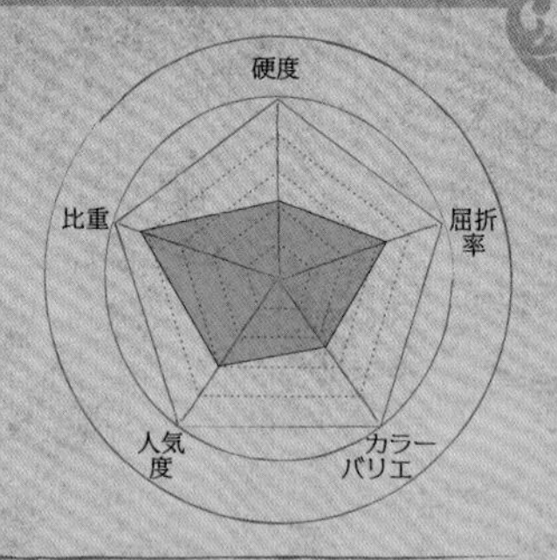

硬度	4〜4.5
比重	3.98〜4.43
屈折率	1.62〜1.85
色	

象徴　好感、良識、信頼

ギリシャ神話 テバイの王 カドモスの石

なんとも軟らかな色をもった宝石である。スポジュミンとは双璧の魅力で、スポジュミンが冷ならこちらは暖。色調は互いに似ている。古代から人気があった宝石で、当時よく知られていた産地はギリシャ。ギリシャ人はこの宝石を『カドメイア kadmeia』と呼んだ。これには“カドモスの石”という意味がある。ギリシャ神話に登場するテバイ王（カドモスのこと）は、明るいピンクやブルーの軟らかな色のこの宝石を特別に好んだ。ギリシャに制覇された近隣諸国の人々もこの宝石を好んでいた。

ギリシャから遠く離れた江戸時代の日本では、この鉱石を“石薬（せきやく）”として使った。『炉甘石（ろかんせき）』と呼んで、粉末にしたものを水に溶いて結膜炎治療の目薬とした記録がある。

スミソナイトは、亜鉛の二次鉱物として鉱床の酸化帯やそこに隣接している炭酸塩の岩石中に産出する。この鉱物は長い間『カラミン Calamine』という名前で呼ばれていたが、19世紀の中頃になって、英国人の鉱物学者J. Smithson（スミスソン）に因んで『スミソナイト』と名付けられた。

本来は無色から白色であるが、構造的に不純物成分を取り込み易い場所を持ち、微量の金属イオンを含む事により多くの色を示す。

『ボナマイト Bonamite』は、淡緑色で半透明のタイプのアメリカ・ニュージャージー州産の石の現地での呼び名。『ハーラライト Herrerite』は、メキシコ・アルバラドン地方産のブルーからグリーンのもの。『ターキー・ファット Turkey fat』は、カドミウムで黄色く発色したもの。アメリカ・アーカンソー州のものが代表的。

六方晶系 *Hexagonal system* | 三方晶系 *Trigonal system*

電気石 でんきせき

トルマリン

英語 *Tourmaline* 中国語 电气石

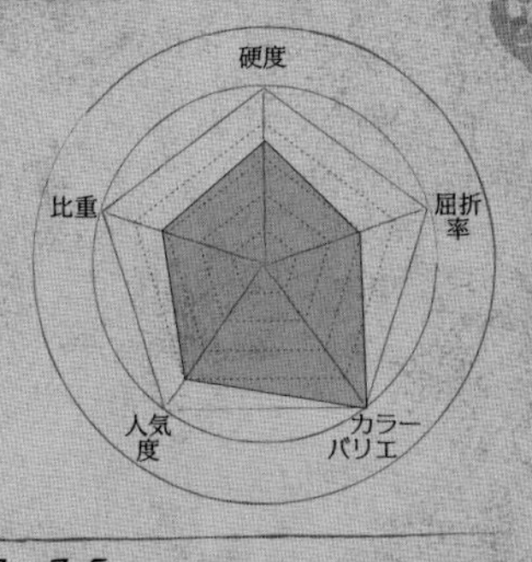

硬度	7~7.5
比重	3.03~3.31
屈折率	1.62~1.64
色	

象徴 成功、慢心

温度の変化で電気を帯びる石

1700年の初めの頃の話である。アムステルダムの宝石のカッター達の町で、ある時研磨工が不思議な現象を見せる石がある事に気づいた。それはいつもの様にスリランカから輸出されてきたカット待ちのジルコンの原石中に混じっていた。日中に陽晒しになると、特定の石だけに埃が吸い寄せられていく。研磨工が不思議に思い、石を持ち込んだインドの商人にその名前を聞くと、「Turmali(トゥルマリ)」と彼らは答えた。トゥルマリとは、スリランカ人が“土の中から出る宝石の粒”という意味で「宝石」を呼ぶ言葉だったのだが、研磨工達はその宝石の名前だと勘違いしてしまったのだ。

その不思議な性質は【焦電気(しょうでんき) pyroelectricity(パイロエレクトリシティ)】と呼ばれる静電気。やがてアムステルダムの宝石商人達は、その石を使ってパイプの中に残った刻みタバコの灰を吸い取って掃除するのに使う事を思いつく。オランダではそれ以来トルマリンの事を『アッシェントレッカー aschentrecker』と呼ぶ様になる。“灰を吸い付けるもの(灰取石(はいとりいし))”という意味である。これが、今でいうトルマリンの事だ。

そのトルマリンは、現在時点で5分類13種類から成る鉱物のグループ名称である。

結晶の両端で形状が異なる「異極像(いきょくぞう)」という形をとる事でも知られ、あらゆる鉱物の中でかなり複雑な組成をもっているが、全種類共通の特徴として「硼素(B)」を含む。

静電気を生じる事から分かる様に、この石は外部から圧力や熱を加える事で電気を帯び『エレクトリック・ストーン Electric stone』とも呼ばれる。

六方晶系 *Hexagonal system* ▌三方晶系 *Trigonal system*

赤鉄鉱 せきてっこう

ヘマタイト

英語 *Hematite* 中国語 赤鉄矿

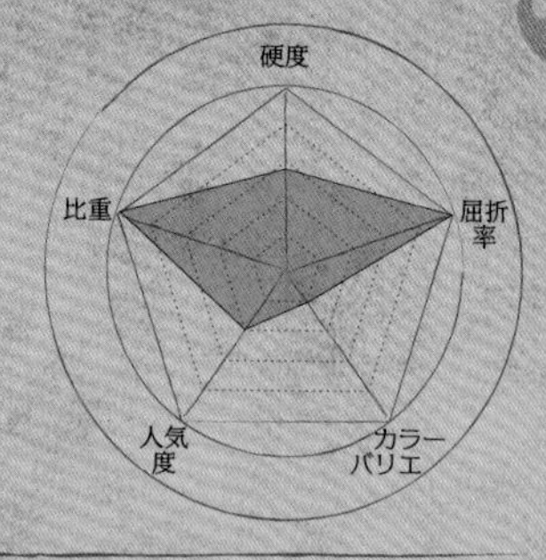

硬度	5～6.5
比重	4.95～5.26
屈折率	測定不能
色	

象徴 勝ちを取る

邪を跳ね返すほどの光を生む

その特徴的な光沢から神秘性が感じられ、アッシリア、古代エジプトそしてギリシャやローマ帝国では盛んに宝飾品として使われた。ギリシャ語の“ハイマティテース”が語源。Haematiteとも書く。

意外にも、結晶を擦り潰すと赤い粉になるので、岩絵の具（顔料）として使われ、古くは「ブラッド・ストーン（血石）」と呼ばれた。

「邪を跳ね返すほどの光を生む石」と信じられて、大きな結晶を研磨して反射鏡が作られた。また紋章やイニシャル、意匠を彫り込んで邪を跳ね返すお守りとして常に身に着けた。『シグネット・リング signet ring』と呼び、印章指環のこと。日本では印台指環という。

ヘマタイトの産状には大きく3つのタイプが知られる。

1つ目のタイプは層状を成すもので、先カンブリア紀等の古い時代に水中の鉄分がバクテリアの作用で沈殿して形成されたもの。重要な鉄資源で、アメリカのミシガン州は世界最大の産地。鉱石の表層部は腎臓状や葡萄状になる事が多く、『キドニー・ヘマタイト Kidney hematite』と呼ばれる。ヘマタイトでは磁性はほとんどないが、このタイプの中には『マグヘマイト Maghemite（磁赤鉄鉱（じせきてっこう））』や『マグネタイト』を混じえるものがあり、磁性を示す。

2つ目のタイプは鱗片状結晶の集合として形成されるもの。接触変性によるもので『雲母鉄鉱 Micaceous（マイケイシアス） hematite（ヘマタイト）』が代表。エルバ島やブラジルは代表的な産地。

3つ目のタイプは板状の結晶で産出するもの。熱水脈や火山ガスから成長し、平坦な結晶から特別に『鏡鉄鉱（きょうてっこう） Specularite（スペキュラライト）』と呼ばれる。産出量が少なく鉱石としての用途は重要ではない。薔薇の花状の集合体は『アイアン・ローズ（鉄の薔薇）』と呼ばれる。水晶中に形成されるものの中に6方向にルチルの針を伸ばしその中心に、ヘマタイトの結晶があり『太陽ルチル』の愛称を持つものがある。スイスやブラジルが産地として知られる。

六方晶系 *Hexagonal system* ▌三方晶系 *Trigonal system*

ユーディアル石

ユーディアライト

ゆーでぃあるせき

英語 *Eudyalite* 中国語 异性石

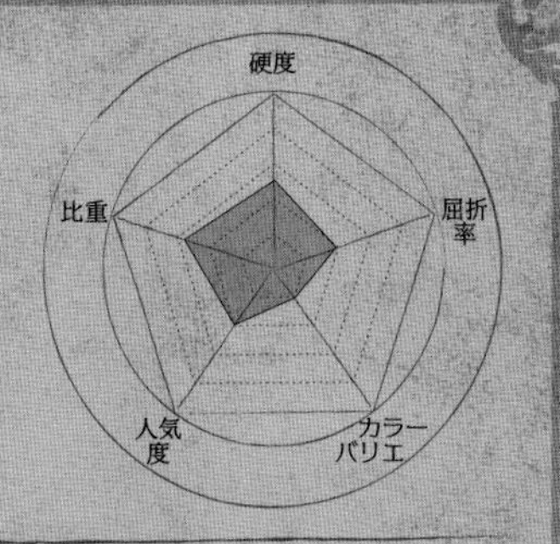

硬度	5～5.5
比重	2.70～3.10
屈折率	1.59～1.60
色	

象徴　宇宙との飽和

戦士の流した血が染み込んだ石

この鉱物は酸によく溶ける。その性質が知られていたかどうかは分からないが、ギリシャ語で良くを意味する“Eu(ユー)”と、溶けるを意味する“Dialytos(ディアリトス)”を合わせて付けられたと言われている。この鉱物自体は小さなものだが、岩石の中に点在した形や集合してできたブロック状の塊や脈状で発見される。

1817年にグリーンランドで初めて発見されたが、当地のものは褐色が強く、その色合いから当初はガーネットと思われた。新しい鉱物である事がわかったのは2年後の事。まもなくロシアからルビーの様に赤く鮮やかな色をもったものが見つかり、宝飾市場に参入した新参の宝石である。その名前を知らない人は、その色からルビーと思い込む。事実土地では『ラップランドのルビー』の愛称をもっている。その名前は“ラップランド族の血”の呼称から派生したものの様で、この石を産するロシアのコラ半島の原住民ラップランド人によれば、“遥か昔、自分達の先祖が外敵から侵略されそうになった時、勇敢な戦士が民族を守るべく戦った。その時に戦士が流した血が石の中に染み込んで大地を真っ赤に染めた”という。

『ユーコライト Eucolite』と呼ばれるものは、鉄やマンガン、カルシウムを多く含み褐色が強く、ユーディアライトの成分上の亜種とされている。ノルウェーのランゲスンド・フィヨルドに産出しグリーンランド産のユーディアライトに似ている。

宝飾品として使われているユーディアライトは、ロシアとカナダ産のものがほとんどである。

発見当初ガーネットと思われた様に褐色が強いものもあるが、赤い色が鮮やかでルビーやスピネルの様に見えるものほど貴重。ルビーやスピネルの様に見えても紫外線で赤く蛍光しない。塩酸（HCl）で簡単に分解する事でガーネットでない事もわかる。コラ半島産のものの中にはソーダライトを伴って産出する場合があり、明るいブルーと濃い赤の組み合わせが不思議な美しさを作り出している。

六方晶系 *Hexagonal system* ▍三方晶系 *Trigonal system*

紅玉 こうぎょく

ルビー

英語 *Ruby* 中国語 紅宝石

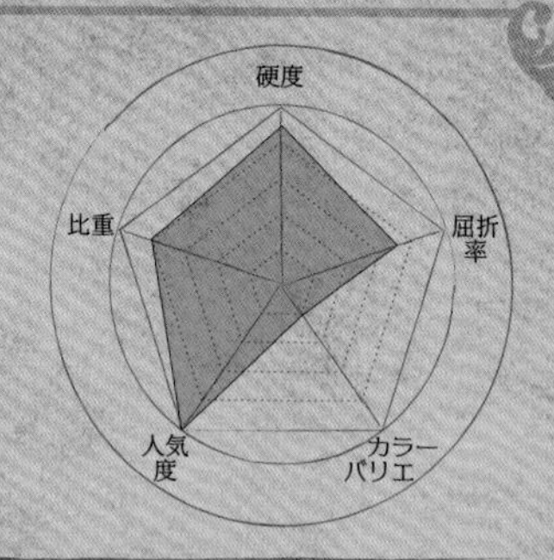

硬度	9
比重	3.99～4.05
屈折率	1.76～1.77
色	

象徴	情熱、血液の浄化 永遠の生命

太陽に反応し赤い光を放つ

この宝石はもっとも古くには『アンスラックス anthrax』とか『カルブンクルス carbuncles』と呼ばれていた。ギリシャやローマの時代には“燃える石炭”という意味で、それぞれの表現で呼んでいたのである。

良質のルビーを太陽光の下で見ると“本当に燃えているのでは”と思えてくる。この宝石に赤い色をもたらすクロム元素は、紫外線に反応してさらに赤い光を放つからである。これを【赤色蛍光(あかいろけいこう) red fluorescence(レッド フルオレッセンス)】と呼ぶ。科学の知識がなくともその赤い光は誰の目にも見えるから、古代の人はルビーを神がかった石として捉え、燃える石炭と表現したのである。しかし中世期の頃から、カルブンクルスの名前はもっぱらガーネットの方を指す様になってしまう。そこで代わりに同じく赤い色を意味するラテン語の「ルバー rubber」がこの宝石の名前として使われる様になった。

1798 年にこの宝石に『コランダム Corundum』という鉱物名が与えられる事になるが、その時にそのルバーから転化して英名のルビーという名前が使われた。その時点で［ルビーは赤いコランダム］という定義が生まれたのである。

ルビーを最も好んだのはヨーロッパの人々で、一時期多くの植民地政策を展開したイギリス人は、ビルマ（今はミャンマー）のルビーを最も好んだ。彼らはその中で特に真っ赤な色を“鳩の血 pigeon blood(ピジョン ブラッド)”という表現で評価した。

その色をもたらすのはクロムのイオン。結晶する母岩の種類が違うと鉄やチタンのイオンが取り込まれる。クロムの代わりにそれらの不純物成分が多くなると黒味や紫味を増す。ルビーが産出地により特徴的に色の違いを表すのはその為。例えばタイのルビーは「玄武岩(げんぶがん) Basalt(バサルト)」の中で結晶する為に鉄分が多くなり、ミャンマーのものに比べると黒っぽくなる。またスリランカのルビーが明るい色をしているのはクロムが少ない為である。

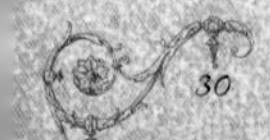

六方晶系 *Hexagonal system* 三方晶系 *Trigonal system*

紅石英 べにせきえい

ローズ・クォーツ

英語 *Rose quartz* 中国語 红水晶

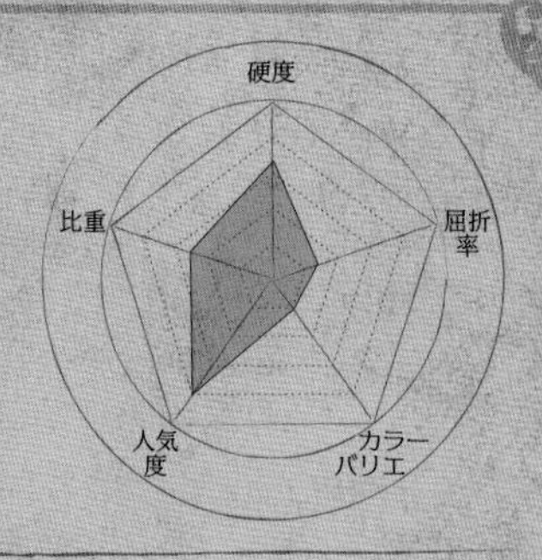

硬度	7
比重	2.65
屈折率	1.54〜1.55
色	

象徴　平和、感情の支え

愛と美の女神アフロディーテに捧げられた

ギリシャ神話の中の、愛と美の女神アフロディーテに捧げられた石といわれているが、その様に考えた事が理解できる様なやさしい色をしている。バッカス神のアメシストとは好対照の色である。

古代ローマ時代から、印章指環などに作られた。イタリアやドイツの原石が使われていたと推定され、時にはスコットランドのものも使われたようだ。

かつてのヨーロッパでは、この宝石は「激愛の戦士」を称え、制約ある愛を貫いた人に贈られたという。

ローズ・クォーツに特有のピンクの色の原因には複数のものがあり、その代表の元素がチタンである。この種の石英は形成される過程で周囲の岩石からの自然の放射線等でピンク色に着色されるが、その様な環境にないものは乳白色のままで『ミルキー・クォーツ Milky quartz』と呼ばれている。石英の形成される過程で過剰に取り込まれたチタンの一部は、形成後に「ルチル（金紅石）」となって石英の組織中に晶出してスター・クォーツを構成する。

石英のスター石はスター・ルビー等コランダムのものとは大きく異なり、その母石の構造の違いから、通常の照明方法ではスターの見え方が弱いものが多い。これは石の中に形成されるルチルの骨組みがコランダムの中のものよりも長く立体的である為で、この様な状態のものは、カット石の下部から照明する方が鮮明なスターが出るという特徴がある。この様なスターの見え方を「ダイアステリズム diasterism（透過光でのスター）」という。対してルビーやサファイアの様な上方からの照明で現れる場合は「エピアステリズム epiasterism（反射光でのスター）」という。

ローズ・クォーツは、その和名を紅石英というが、英名を直訳して「薔薇（ばら）石英」とも呼ばれる。

六方晶系 *Hexagonal system* ▌潜晶質

緑玉髄 みどりぎょくずい

クリソプレーズ

別名：緑翠・翠緑玉

英語 *Chrysoprase* 中国語 葱绿玉髄

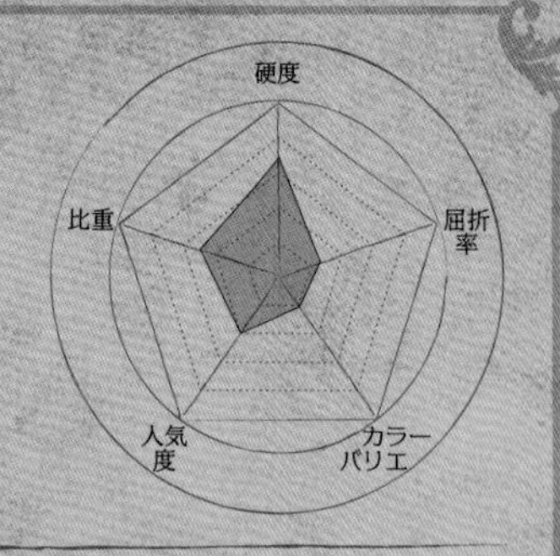

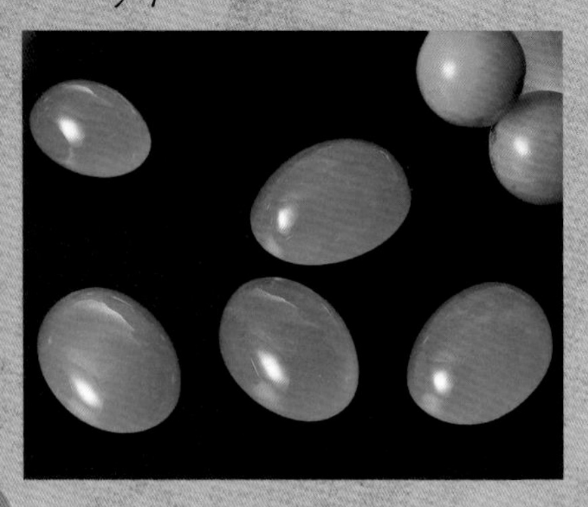

硬度	7
比重	2.57～2.64
屈折率	1.53～1.54
色	

象徴　肉体の清浄

黄金の塊から生まれた

カルセドニーの色変種中ではもっとも価値が高い宝石。その色を例えて「アップル・グリーン（青リンゴの色）」と表現するが、正に完熟前のリンゴの色に似て、かなり個性的な比喩である。カルセドニーにその色をもたらしているのは、ニッケルの珪酸塩鉱物泥。クリソプレーズは、そのニッケル鉱物のコロイド泥を含んでいる為に原石に乾裂が多く現れるのが特徴となっている。

この宝石の緑には黄色のイメージが重なる。その微妙な色の感じから、古くは黄金の塊りの中から生まれてきた宝石だと信じられていた。

その名前はギリシャ語の金を意味する"chryso（クリソ）"と、韮（にら）を意味する"prason（プラソン）"を合わせて作られたといわれるが、その説にはいささか疑問を感ぜずにはいられない。

韮は当時すでに血液と胃腸の病に薬効がある事で知られていた植物で、胃腸の薬として常食されていた。また血液の病にも効き目があると考えられていたから、この宝石の象徴の言葉が［肉体の清浄］である事が理解できる。

古くは、現在の中央ヨーロッパの辺り、シレジアのコゼミッツから良質の石を産した。当時は大変に貴重な宝石で、ギリシャ、ローマ時代にはもっぱらカメオやペンダントなどに作られた。エジプトでも宝飾品として大いに使われた記録があるが、しかしその時代のものがコゼミッツからもたらされたものかどうかははっきりしていない。

1700年代にはシレジアで、1800年代にはウラルとアメリカのカリフォルニアで鉱床が発見され、その後ブラジルでも見つかったがいずれも少量の産出に留まった。

しかし20世紀になると、オーストラリアのクィーンズランド州でそれまでとは比較にならないほど大きな鉱床が発見される。おかげで大衆にも行き渡る様になったが、大量に産出された為に、価値観が下がってしまった。

六方晶系 *Hexagonal system* ▌潜晶質

碧玉 へきぎょく

ジャスパー

英語 *Jasper* 中国語 碧玉

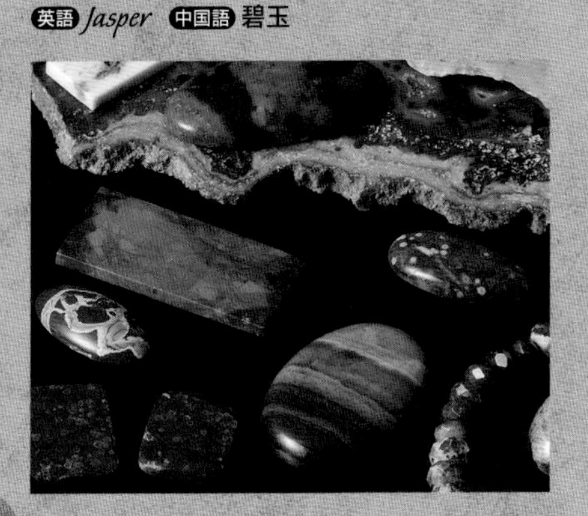

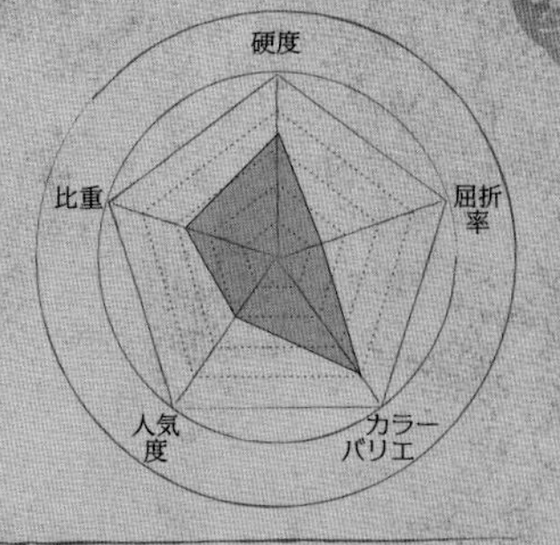

硬度	7
比重	2.57〜2.91
屈折率	1.53
色	

象徴　永遠の夢、勇気、聡明

女性の体調をコントロール 出産のお守り

不透明さが最大の魅力の宝石。構造的にはカルセドニーに相当するが、成因は「チャート Chert（角岩（かくがん））」という岩石にもっとも近い。

ジャスパーは正確には岩石の類で、火山岩や変成岩、堆積岩中に形成され、熱水中に含まれていた粘土鉱物が堆積して固まったり、堆積物中に珪酸分が浸入して形成されたものもある。湖水等に堆積した火山灰が固まったものも見られる。従ってジャスパーと不透明なカルセドニー、そして本来の堆積岩とは外見上で酷似し、現実に個々の区別が難しい場合も少なくないので、宝石学的には“不透明なカルセドニーの様なもの”というイメージで捉えた方が合理性がある。

あらゆる宝石中で、ジャスパーはもっとも原始的な美しさが感じられる宝石。アゲートやカルセドニーと共に、世界の古代民族に共通の神秘感を持って取り上げられた歴史をもつ。古代バビロニアの人々は、真っ赤なジャスパーには婦人の体調をコントロールできる力があると考えて、出産のお守りに使った。11 世紀にマルボディウスは、この宝石を腹の上に乗せると出産の痛みを和らげてくれると記述している。今日でもその様な考え方をする人がいるが、こういった捉え方は、石はすべて命を持っていると考えていた時代の名残である。

ジャスパーの和名の“碧”は緑の事で、グリーンのジャスパーは、古代の西日本では、東のジェダイトに対して、専ら玉器を作る材料として使われた。

ジャスパーは緻密で硬質、その色は何世紀の間も変化する事がない。多くの色の幅を持ち、この宝石が本来の“パステル・カラー”である。また模様を持つものもあり、世界広しと言えども2つとして同じものがない。宝石では、色などに斑があったり一貫性がないとなれば商業面での価値は下がるが、ジャスパーやアゲートの場合には逆にその多彩性が価値を生んでいる。また［水石］の世界では「色彩石」や「紋様石」として珍重されている。

六方晶系 *Hexagonal system* ▌潜晶質

血石 けっせき

ブラッドストーン

英語 *Bloodstone* 中国語 血滴石

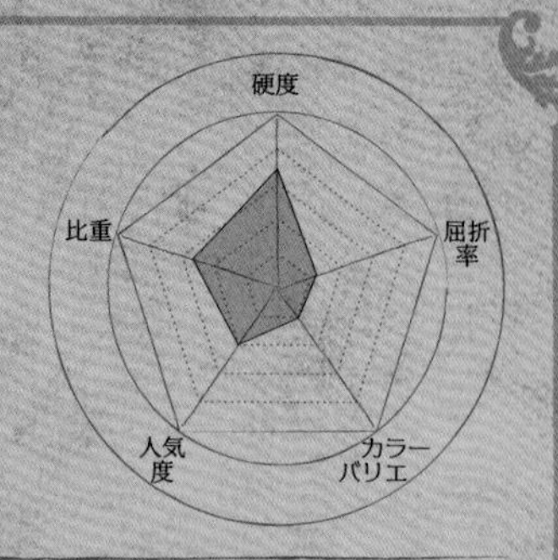

硬度	7
比重	2.58～2.91
屈折率	1.53
色	地色 （混色 ）、斑点

象徴 献身、勇敢、沈着、聡明

キリストの血が滴り落ちて生まれた太陽の光を治癒力に変える

古代の人の目には、緑の中に赤い点紋のあるこの石はかなりエネルギッシュで神聖なものとして映ったようだ。緑の色は大地のエネルギーと芽生えの力を宿し、そこに点在する赤い色は魔を寄せ付けない力を持っていると信じられた。

その2つの色の組み合わせで、この宝石は空想上の絶対の力を宿していると考えられた。何ものにも比べるものがない宝石とされ、古代から特別に貴重視されていた。

かつて良質の石がエジプトのヘリオポリスで産出した。この石の名前に『ヘリオトロープ Heliotrope』というのがあるが、名前はその地名に因んだもの。その名前には、ギリシャ語で“太陽（ヘリオス）が向く（トロポス）”という意味がある。

この石を太陽の方向に向けると、太陽の光を赤い力に変える事ができ、その光を浴びると石を持つ者の血を止めて怪我を治し、腫れ物を直してくれると信じたからである。この石で印章や首飾りを作って、血流の最も大事なポイントとなる薬指や首周りに着けた。古代のエジプトではこの石を粉末にして止血剤として使っていた。本当に血が止まったかは定かではないが、兵士達は競ってこの石の粉を体の一部に着けて出征して行ったという。

中世の時代にはキリスト教徒の間で貴重視された宝石でもある。イエス・キリストがゴルゴダの丘で磔刑にされた時、十字架の下にあった緑色の“碧玉”にキリストの血が滴り落ちて、それ以来真っ赤な斑点が生れたと信じた。

この石の和名は血石であるが、別名を『血玉髄（ちぎょくずい）』とか『血星石（けっせいせき）』という。古い時代にはヘマタイトの事をブラッドストーンと呼んでいたから、ブラッドストーンの和訳の血石は的確ではないと言える。むしろ別名の方が的確だろう。緑の地は「緑泥石 Chlorite（クローライト）」等を含有している不透明な石英で、赤い点がなければただのグリーンのジャスパー。宝石名では『プラズマ Plasma（濃緑玉髄（のうりょくぎょくずい））』と呼ばれる。

六方晶系 *Hexagonal system* 潜晶質

苔瑪瑙 こけめのう

モス・アゲート

英語 *Moss Agate* 中国語 苔纹玛瑙

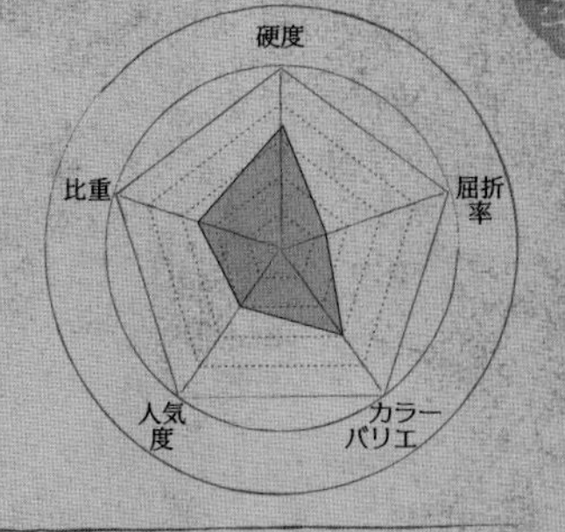

硬度	7
比重	2.58～2.62
屈折率	1.53
色	(地色)

象徴　結婚運、夫婦の和合

植物の精霊を宿す

スコットランドの民族は自国に産するアゲートや水晶を使って装飾品を作った。それを［スコティッシュ・ジュエリー Scottish jewellery］と呼ぶが、その起源は前2世紀頃にまで溯るという。

その中にモス・アゲートもあり、彼らは個性的な衣装に合わせてブラッド・ピンやキルト・ピンを作った。スコティッシュ・ジュエリーを印象付けるサードオニクスやモス・アゲートが盛んに使われる様になったのは、16世紀以降の事である。

ところで慣用的にアゲートと呼ばれてはいるが、じつはほとんどのモス・アゲートには縞模様が見られない。正確にはカルセドニーであり、表現をより正確にすると、ほとんどはモス・カルセドニーとなる。一般にモス・アゲートと呼ばれている石は、その中に植物が入り込んでいる様に見える不可思議さから、古代ヨーロッパでは特別な宝石として捉えられていた。石が植物の精を宿したものと考えられていた様だ。

その植物の様に見えるものは、クローライトや、鉄やマンガンの酸化物あるいは水酸化物である。本来はグリーンに見えるところから“モス（苔）”の名前が付けられたが、状態を見るとむしろ“もずく（水雲）”等の海草に見える。

ヨーロッパでは、緑色のインクルージョンのみをモス・アゲートという名前で呼び、赤色や黒色の場合を『モカ・アゲート Mocha agate』の名前で呼ぶという慣習がある。しかし同じヨーロッパでも、イギリスでは色に無関係でモス模様を持つものをモス・アゲートと呼んでいる。この慣習はアメリカでも同じで、アメリカやイギリスの影響の強い日本でも同様である。

『モカ・ストーン Mocha stone』は、正式にはモス入りの小粒のカルセドニーをさす呼称である。“モカ”はマカともいうが、その名前はイエメンの産地名に由来する。現在それらのややこしさは幾分整理され、通常モカという名前で呼ぶ場合は樹形状など複雑な形態で褐色の場合に限られる。

六方晶系 *Hexagonal system* ｜粒状集合体

杉石 すぎいし

スギライト

英語 *Sugilite* 中国語 钠锂大隅石

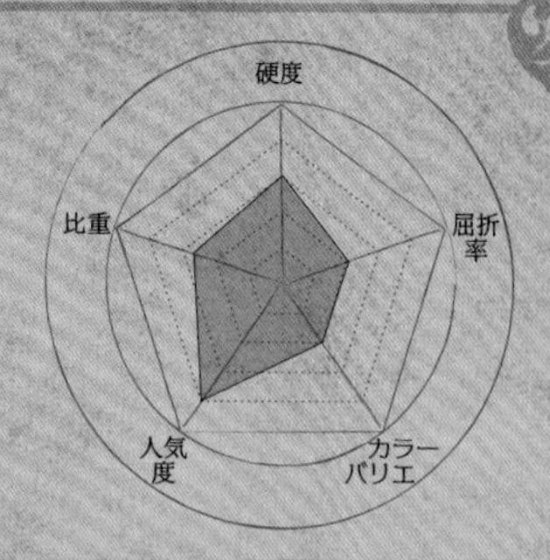

硬度	5.5〜6.5
比重	2.70〜2.80
屈折率	1.60〜1.61
色	

象徴　邪気の予防

伝説は日本からはじまった世界三大ヒーリングストーンのひとつ

スギライトという名前を耳にすると、今では宝石関係の誰でもが濃い紫色の石を思い起こすが、しかし最初に発見されたスギライトはまったく別のイメージであった。

1944 年、九州大学の杉健一（すぎけんいち）と久綱正典（くつなまさのり）によって愛媛県の岩城島（いわきじま）にある「エジリン閃長岩（ちょうがん）」の中に数ミリ程度の小さな黄褐色の結晶として発見された。

それを村上允英（のぶひで）らが研究し、師の杉健一教授に因んで『杉石』と命名して発表、1976 年に新鉱物として認定されたという経緯があるが、その後が劇的であった。1980 年に南アフリカにあるウィーセルというマンガン鉱山から、本来のものとは違いうその名前からは想像だにしなかった紫色の杉石が発見される。それが今では誰でもが知っているスギライトである。

だがその紫色のスギライトも発見当初は別の鉱物と考えられていた。

1968 年に中央アジアのタジキスタンで発見された「ソグディアナイト Sogdianite」に外観が似ていたところから、これも宝石クラスのソグディアナイトとして発表された。だが化学組成が合わない事から再調査によりスギライトである事が判明したという経緯がある。スギライトという宝石には紆余曲折が伴う様だ。

しかし（原産地記載の）日本のスギライトとアフリカのスギライトは、色ばかりでなく産状と産出の量が違い過ぎる。日本では数ミリ程度の標本でしかないが、アフリカでは“トン”という単位で採掘されている。

六方晶系 *Hexagonal system*　粒状集合体

砂金水晶　さきんずいしょう

アベンチュリン・クォーツ　別名：砂金石英

英語 *Aventurine quartz*　中国語 砂金石

硬度 / 屈折率 / カラーバリエ / 人気度 / 比重

硬度	7
比重	2.65
屈折率	1.54～1.55
色	

象徴　沈着、勇敢、聡明

ガラス職人のミスに端を発した「偶然」という名

“アベンチュリン”、この不思議な言葉が18世紀のイタリアはベニスのムラノ島にあった1軒のガラス工房で生まれた事はあまり知られていない。

色ガラスを作っている過程で職人の不手際があり、偶然にもそれまでになかったキラキラと輝くガラスが生まれた。それを見た職人たちはそれを「aventurino（アベンチュリンのガラス）」と呼んだ事にアベンチュリンという名前は端を発する。“a ventura（偶然に）”に生まれたガラスというわけである。その時に生まれたガラスは『ゴールド・アベンチュリン・ガラス（茶金石）』。これは今ではたんに「ゴールド・ストーン」とも呼ばれている。

思わず発したその言葉が後に光学現象の用語となったわけで、正式には【アベンチュレッセンス aventurescence（キラキラと輝く効果）】という。

それがきっかけで自然界にも以前からその様な石がある事に気付いた。アメシストに見られるアベンチュリンがさっそく宝石としてカットされた。光り方のイメージが茶金石にもっとも近かったからである。しかしそれはアベンチュリンの中でもかなり珍しいもので、その為天然石としての需要を十分に満たす事ができず、アベンチュリン・ガラスほどの供給量は得られなかった。

そんな折、インドで発見されたのが「グリーン・クォーツァイト（緑色珪岩）」のアベンチュリンである。それはインド・ヒスイとも呼ばれる緑色珪岩の一部で、もともと均質なヒスイ似の部分を取り去った残りの部分であった。

珪岩が形成される時にクロムを含んだ雲母が形成され、それが平行位に並んでいると光を受けてキラキラと輝く。つまり正確にいえば再発見である。

しかしそのあまりの量の多さが、天然のアベンチュリン・ストーンの価値を大衆的な値段にまで落としてしまう結果となった。その『グリーン・アベンチュリン・クォーツァイト』を、日本では『砂金石』という名で呼ぶ。

六方晶系 *Hexagonal system* ▌集合構造

珊瑚 さんご

コーラル

英語 *Coral* 中国語 珊瑚

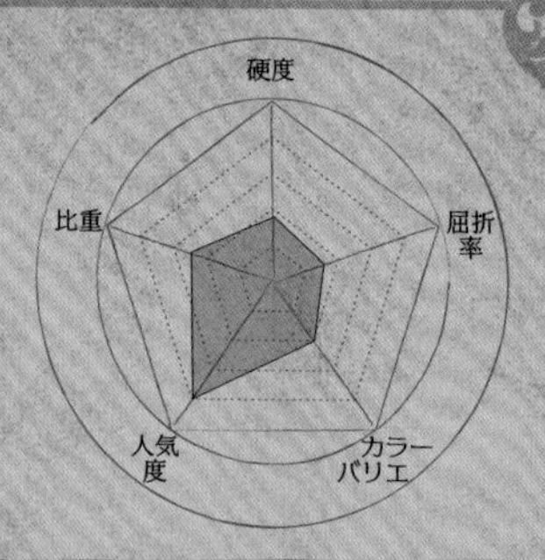

硬度	3.5～4
比重	2.6～2.7
屈折率	1.49～1.65
色	

象徴　幸福、長寿

海底の国に茂る木々

コーラルは、珊瑚虫（さんごちゅう）という微小な腔腸動物（こうちょうどうぶつ）のポリプが海中で作った樹形状の骨格。

コーラルの古典産地は地中海地方。近代になり発見された太平洋のコーラルと違って生育の深度が極端に浅かったから、嵐が来る度に海が浚われて陸に打ち上げられた。コーラルは陸に打ち上げられると次第に乾燥して珊瑚虫は死滅、骨格を覆っていたポリプはポロポロと剥げ落ちて内部の骨格が現れる。その様を見た古代の人々は「海底の国に茂っていた木が陸に打ち上げられて硬い石に変ったものだ」と考えた。

地中海のコーラルは貴重な宝石としてやがて東方に伝えられるが、その伝播ルートは胡の国を通った。その過程でコーラルは、楽器としても使われた。和名の“珊”という文字は素材を棧に下げた状態を表している。枝を紐で吊るして叩くとキンっと涼しげな音がする。漢字には“胡の国を通った珊という楽器”という側面の意味がある。字には冊にも胡にも共に王偏が付けられている。王という文字は玉と互換性を持っているので、基本は宝石であった事がわかる。地中海のコーラルは、今、市場では『胡渡り（こわたり）（胡国渡りの略）』の別名で呼ばれている。

宝石に使われる珊瑚は珊瑚礁を形成する種類より、深い海の中で生育する。そこから深海の精霊が宿っていると考えられ、“血の滾りと生命の躍動”を持つ宝石として使われてきた。

正方晶系 *Tetragonal system*

風信子石 ひやしんすせき

ジルコン

英語 *Zircon* 中国語 风信子石

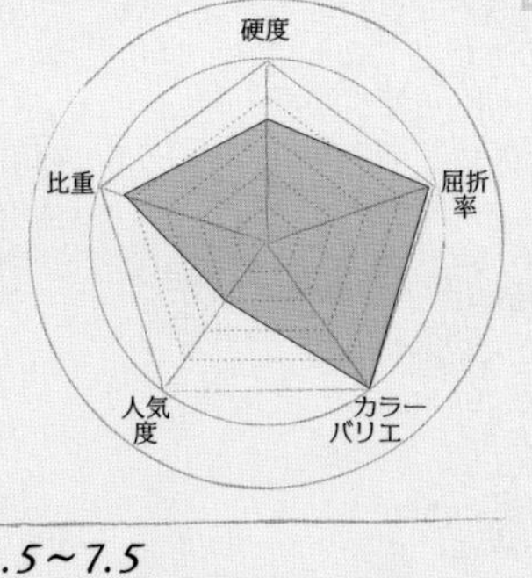

硬度	6.5〜7.5
比重	3.95〜4.70
屈折率	1.78〜1.99
色	

象徴　悲愴感の解消

太陽神アポロンに愛された少年 放射能で自らを破壊する

ジルコンという名称の語源はあまりはっきりしていないが、“zargoon(ザーグーン)”に由来している様だ。その名前は、ペルシャ語で“金の色”を、アラビア語で“朱の色”を意味する。後に“jargon(ジャルグーン)”と変化、やがて英語の「ジルコン」となる。その過程で黄橙色の石が「ヒヤシンス Hyacinch」と呼ばれる様になる。ヒヤシンスの花の色に例えたものと言われ、和名の風信子(ヒヤシンス)石はこの名称への当て字。

ヒヤシンスの花の名はギリシャ神話に出てくる太陽神アポロンに愛された少年の名前(Hyakinthos(ヒュアキントス))に由来するが、しかしヒヤシンスの花は一般的にブルー系で、神話の中の花はアイリスかパンジーではなかったのか? という疑問が残る。この花は中央アジアの原産で、神話が作られた当時はまだ地中海地方には伝わっていなかった。

さて“?”は別にして、そのヒヤシンスの名前は他の黄橙色の宝石にも使われ混同を生む不明確なものとなってしまい、現在では廃語となっている。

ジルコンの結晶はハフニウム、ウラン、トリウム等の放射性元素を高濃度で含む事が多い。「花崗岩(かこうがん) Granite(グラニット)」はそのジルコンを副成分鉱物として含む為に、弱い放射能を持っている。

ジルコンの結晶は、それらの元素が内部から出す放射線に晒され続け、自身の結晶の骨組みが破壊される事になる。本来は無色だった結晶が褐色に変化し、透明度も低下して、宝石学で『ロータイプ・ジルコン』と呼ばれるものになっていく。この経過を【メタミクト metamict】というが、この現象はジルコンを含む岩石の年代が古いほど著しい。

ジルコンは屈折率と分散度が高く、ダイアモンド並みの煌めきを見せる。しかしくすんで褐色の石が多い為に、加熱処理が行なわれる。

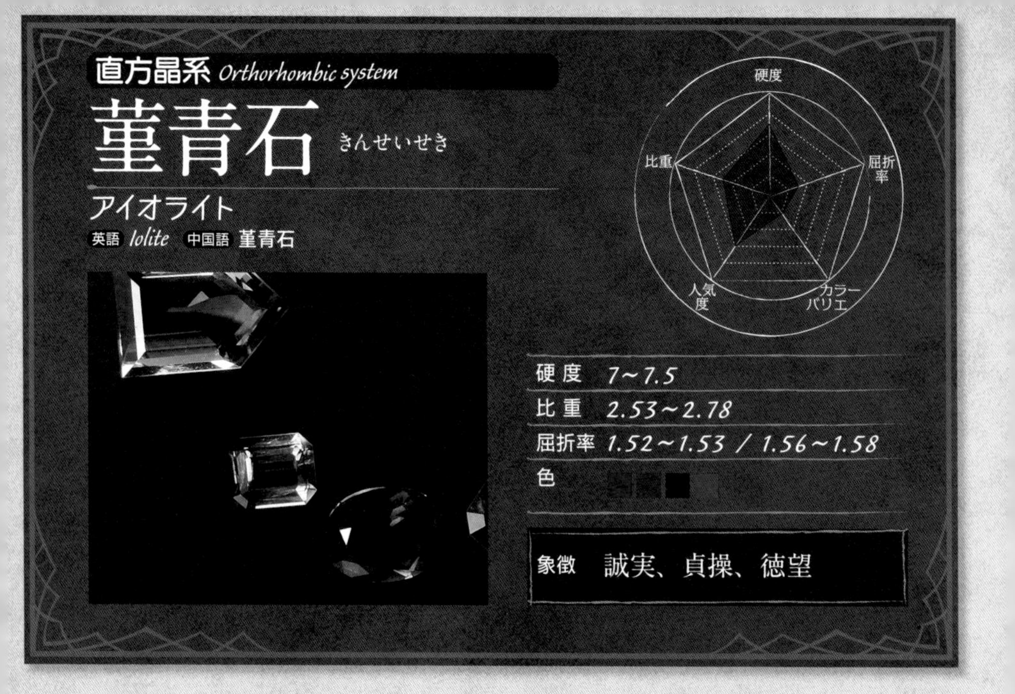

大航海時代、バイキングが羅針盤がわりに使った

アイオライトという名前はギリシャ語起源で、青い色の石に対して付けられた宝石名。「ion（菫色）」と「lithos（石）」を合わせて作られた名前である事から、時に『イオライト』とも呼ぶこともある。1813年にこの鉱物を最初に記載したフランスの地質学者ルイ・コルディエに因み、鉱物の世界では『コーディエライト Cordierite』と呼ぶ。

結晶を光に透かして回して見ると、ブルーが明るくなったり黄色くなったりという不思議な現象を示す。これは結晶の内部を通った光が、方向によって異なった吸収のされ方をする【多色性 pleochroism】という性質。アイオライトではそれが特に強く『ダイクロアイト Dichroite（二色性石）』の別名を持つが、正確には紫がかった青色、淡い青色、灰色がかった黄色の三つの色が見えている（trichroism）。この性質は意外と古くから知られていた。その原因が分からないまま、何かの力に反応している不思議な石として扱われていて、パワー・ストーン関連の本には、バイキングが羅針盤代わりに使ったと書かれている。

この石を太陽にかざしてブルーが見える方向に進路をとって安全に船を進めたというのだが、それはかなり学識からずれた解釈。もしバイキング達がこの石を使っていたとすれば、恐らくはこうだろう。当時の航海にとって濃霧はこの上もなく危険。そこで船乗り達は、この石の方向により青くスカッと抜けて見える不思議さを、霧が晴れて青空が覗く事に見立てて、航行のお守りとしたのである。

多色性の原因を作るのは結晶に含まれている鉄イオン。その鉄は同時にアイオライトにブルーの色ももたらす。サファイアに似ているがこちらの方がやや黒味を感じる。

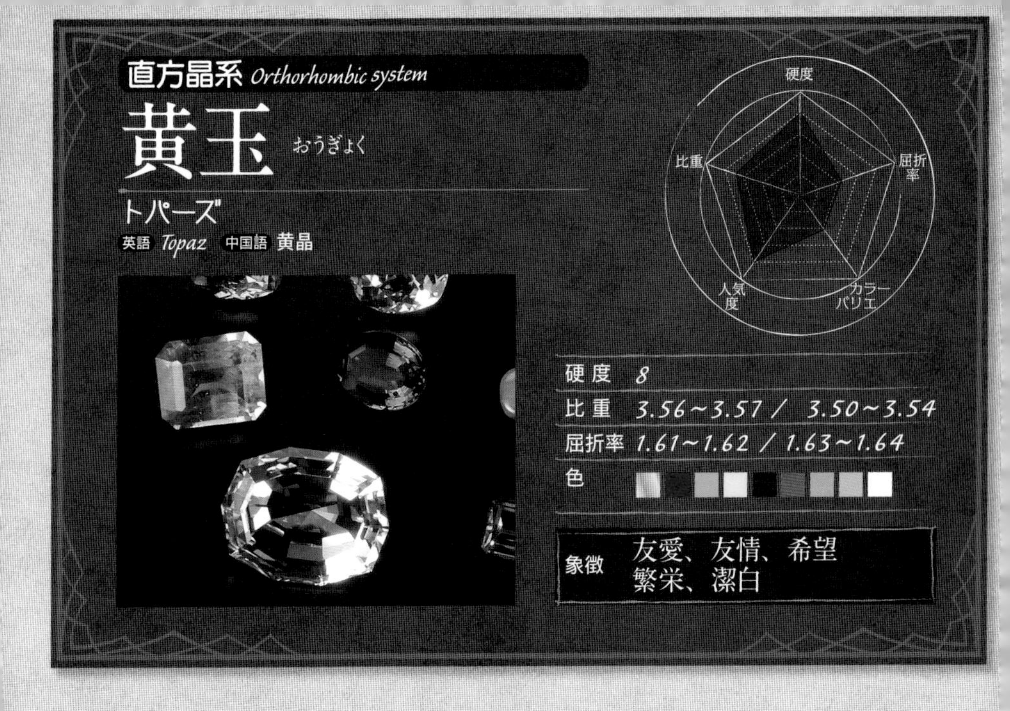

霧深い紅海の島に捜し求めた

古くからトパーズと呼ばれた宝石があったが、それはどうやら今でいうトパーズではなかった様だ。そもそもこの名前は、ギリシャ語で“topazios（探す）”と呼んだ事に端を発している。

良質の宝石が産出する事で知られた、紅海の中のSt.John'sという島を探すという「行為」を呼んだものだったのである。その島がある辺りは大変に霧が深く、探し出すのが大変に困難だったというが、ではそうまでして捜し求めた宝石とは…。じつは今でいう「ペリドット」だったのである。そのペリドットはかつてはトパーズという名前で呼ばれていた。

トパーズという名前が、今で言うトパーズに落ち着いたのは1737年の事だが、黄玉という和名もやはり不思議なものである。トパーズの名前を和訳した時、明治の鉱物学者はいったいどこの石をモデルとしたのだろうか。日本には黄色いトパーズはほとんど産出しない。どうやら最初に見たブラジル産のトパーズの色が頭から離れなかった様だ。

この宝石の代表は何と言っても黄色。トパーズの名前はすぐさま黄色の記憶を呼び起こす。シトリン等、他の黄色い宝石にもトパーズというフォールス・ネームが付けられている様に、その名前が先行しているが、本当はこの宝石は意外とカラフルである。

青いトパーズは今では広く知られる様になったが、明治8年（1875年）頃、滋賀県の田ノ上山の一帯から大きなトパーズの結晶が次々に産出し、美しいブルーの結晶もあった事から世界中に知られる事になり、ほとんどが海外に流出した。当時の日本は世界に名立たるトパーズの産出国だったのである。

現在マーケットに流通するほとんどのブルー・トパーズは放射線を照射して着色したもの。淡いブルーの石はアクアマリンの代用石として使われる事が多いが、濃青色に着色したものではアクセサリー的なイメージとなっている。

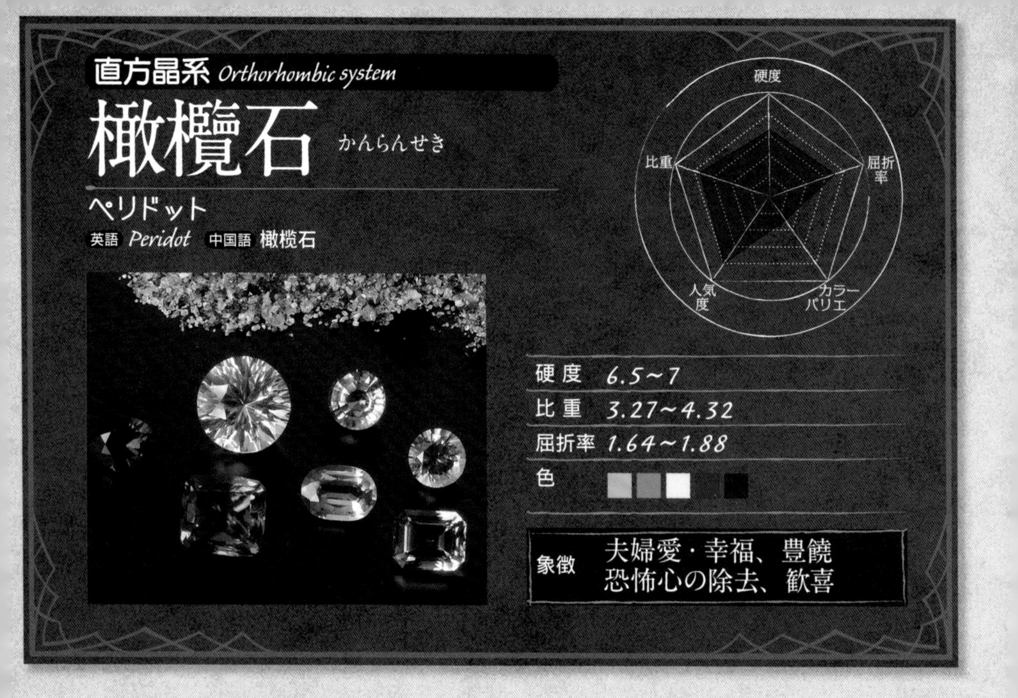

太陽の煌めきを閉じ込めた美しい妖精

古代エジプト王朝は“太陽神”を崇拝していたから、この宝石を特に愛好した。色はもとより、この宝石の中には睡蓮の葉に似た円形亀裂がある。それは“sun spangle”とも呼ばれており、そこからこの宝石は石の内部に太陽の煌めきを閉じ込めていると考えられたのである。

紅海のSt.Johns島（現在のゼベルゲット島）に産するものが良質で、かなり珍重されてエジプトからギリシャ・ローマへと伝えられたが、当時はこの宝石は「トパーズ」と呼ばれていた。セント・ジョン島の周辺は霧が深く、その中で目的地を懸命に“探す”という行為をギリシャ語では“topazios”といったからである。ペリドットは宝石としての名称で、フランス語経由の英名である。宝石を意味するアラビア語の“faridat”が語源とも、美しい妖精を意味するペルシャ語の“peri”が語源ともいわれるが、正確なところは分かっていない。鉱物の世界では『オリビンOlivine』と呼ぶ。オリーブの実の色に似ているところから、ラテン語を語源として1790年に命名されたもの。しかし英名の和訳が『橄欖石』となったのは、1886年頃のこと。色が似ている“かんらん科”の橄欖の実と勘違いした為。オリーブは“もくせい科”の植物である。

ペリドットは橄欖岩や玄武岩、斑レイ岩など地殻深部やマントルの上部を構成する主要な鉱物である。『Forsterite（マグネシア橄欖石）』と『Fayalite（鉄橄欖石）』の端成分を持つ固溶体の鉱物で、通常では双方が混じり合い、フォルステライトに近いものは黄緑色から緑色で、ファヤライトに近くなるほど褐色が強くなり黒っぽくなる。それぞれの端成分にかなり近いと、無色と黒色になる。通常宝石として使われるのはフォルステライトで、それに13%程度のファヤライトが加わったもの。特有の黄緑色は微量のニッケルを含んでいる為。それにより古い時代の夜の暗い照明の下でもグリーンが鮮やかに見え、「イブニング・エメラルド Evening emerald」と呼ばれていた。

月の雫が宿った 人魚の涙

パールは生きた貝の中から見つかるので、古くから極めて不思議なものとして考えられてきた。"貝の中に月の雫が宿った""貝が人魚の涙を飲み込んだ"等さまざまな想像を掻き立てた。

驚くべき事だが、5世紀の初め（400年頃）の中国では、湖に棲息している『カラスガイ』を使って、殻の内面にへばりついた状態の真珠を人為的で作っている。科学者のリンネは、その遥かな昔に作られた殻付きの真珠を手に入れて研究し、1740年代に淡水の養殖真珠を作りだしている。1884年には仏領のポリネシアで『クロチョウガイ』を使って殻付きの真珠が作られたが、そのどれもが生産を安定させる事ができなかった。真珠の歴史を書き換えたのが御木本幸吉翁。彼は1893年（明治26年）に、三重県の英虞湾の神明浦で、地棲の『アコヤガイ』を使って5つの殻付きの半円真珠の養殖に成功する。1905年には英虞湾の多徳島で真円真珠の養殖に成功し、それから30年以上をかけて加工法と商業的な販売体制を確立させている。彼が歴史の中で"真珠養殖の父"と呼ばれる所以である。

貝が真珠を形成できるのは、貝殻の内面にへばりついている「外套膜」という薄い肉膜があるから。この細胞が貝殻を形成するので、貝とその膜の間に異物を挿入すると、その異物の上にも殻を形成する状態となり、出っ張った形の殻となるのである。古代の中国でも、リンネも、そして仏領ポリネシアでもこの方法で真珠を作った。幸吉翁の5つの真珠も同じで、この様なものを『ブリスター・パール Blister pearl（膨れた瘤状の真珠）』と呼ぶ。しかしその様な状態では大きく丸い真珠は形成されないので、貝の内臓に貝殻で作った玉を入れ、そこに貝殻を作る外套膜の細胞を切り取っていっしょに入れてやると、細胞が増殖して玉を取り巻き、そこに丸い真珠（丸い貝殻と同じこと）を形成するのである。

単斜晶系 *Monoclinic system*

藍銅鉱 らんどうこう

アジュライト

英語 *Azurite* 中国語 蓝铜矿

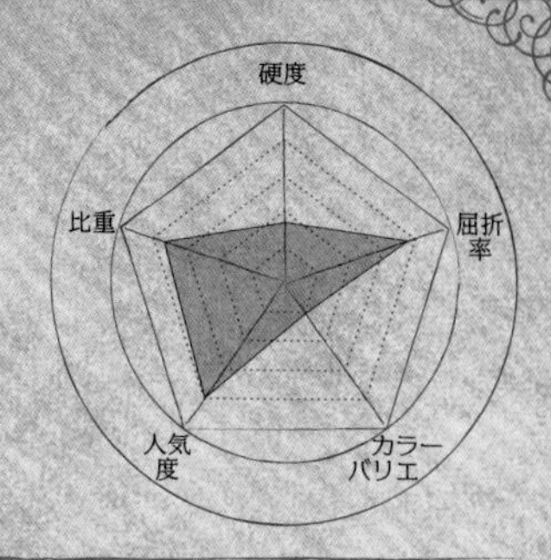

硬度	3.5〜4
比重	3.77〜3.89
屈折率	1.73〜1.84
色	

象徴	洞察力向上 肉体と精神の浄化

視力の回復を信じた夜空の様な深い色

アズライトともいう。洋の東西を問わずこの鉱物は、その深いブルーの色を［顔料（がんりょう）］として古くから利用してきた。古代エジプト王朝では特に多く使われたが、薬効を期待して医薬品として白内障の治療にも使われたという。効果があったか否かは甚だ疑問だが、夜空の様な深い色を見つめ続ける事によって視力の回復を信じたのかも知れない。

アジュライトは銅鉱床の酸化帯の上部に二次的に生じる鉱物で、炭酸イオンを溶かし込んだ水が銅の鉱物に接触して反応する事によって生成する。柱状、板状、皮殻状、葡萄状、球状、鍾乳状等さまざまな形状で産出される。

マラカイトとはイオンの比率が違うだけで構成成分が似ており、言わば従兄弟どうしの関係にある。

粉にしたアジュライトの絵の具（顔料）を使って、西洋の画家も東洋の画家も美しい作品を描いた。日本ではこの鉱物顔料を『紺青（こんじょう）』と呼んだ。

こんな話がある。中世期に西洋の画家が青々と描いたはずの海や空の色は、顔料を溶いた油や作品を飾った場所の影響を受け、現在ではグリーンに変化してしまっている。化学変化を起した為だが、アジュライトは水が加わって炭酸が抜けた状態になるとマラカイトに変ってしまうのだ。したがってこの鉱物は、産出された時点でしばしば部分的にマラカイトを伴っている。当然そのマラカイトはアジュライトから変化したもの。これらの事実から分かる様にアジュライトはマラカイトに比較して安定性が低い。つまり産出が少ない希少な鉱物なのである。

両者が共存しているものでは、双方の名前を合体させて『アジュールマラカイト Azurmalachite』と呼ばれる。アジュライトがいくら希少でも、冶金（やきん）（金属鉱業）の世界ではマラカイトと共に溶鉱炉に投入されてしまい、金属銅を採るのに使われている。

単斜晶系 *Monoclinic system*

珪孔雀石 けいくじゃくせき

クリソコーラ

英語 *Chrysocolla* 中国語 珪孔雀石

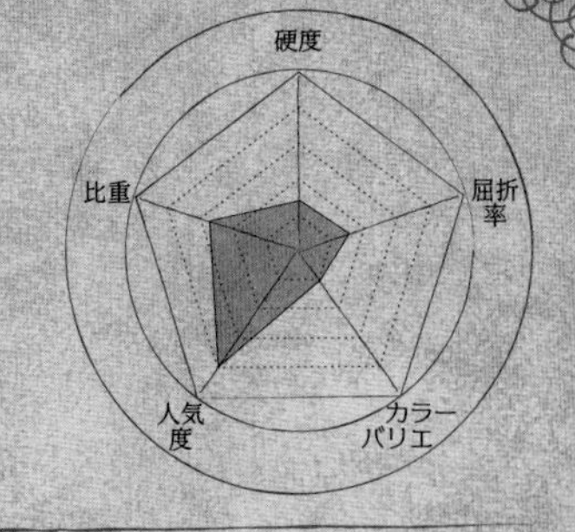

硬度	2～4
比重	2.8～3.2
屈折率	1.46～1.57
色	

象徴 知性美、優雅 繁栄、幸運

黄金を増やす能力をもつユダヤの青い涙

トルコ石によく似た鉱物である。その独特のブルーは、トルコ石が女性的ならこちらは男性的な美しさ。トルコ石と同様に先史時代から人気のあった宝石だが、トルコ石と比べると脆くてそのままで使用できるものは少なかった。それでもギリシャやローマの人々はこの宝石を好んだ。研磨に耐える原石を探して、カメオにしたり印章を彫り付けた指環などに仕立てた。

当時この石は黄金を増やす能力を持っていると信じられていた。ギリシャの哲学者、テオフラストスは“chrysos（金）”と“kolla（つなぐ）”という文字を合わせてクリソコーラという名前を付けた。紀元前315年の事である。じつはその時彼は、金を合金にする時に使う複数の金属鉱石に対してこの名前を使ったのだが、後にこの石だけの名前として残ったのである。

クリソコーラは銅を取る鉱石として使われるが、鉱石としてはトルコ石よりも優秀。その銅を金を溶かす時に加えると色の濃い合金（金ー銅系）が出来るから、金が濃厚になったと思い込み、結果として“金を増やす”となったと思われる。

紅海のアカバ湾のEilatに、マラカイトと混じった状態で産出されるクリソコーラがある。その地名に由来して『Eilat stone（エイラット ストーン）』と呼ばれるが、“エイラットの海の色を宿す宝石”とか“ユダヤの青い涙”という意味を持っている。現地では「ソロモン・ストーン」とも呼ばれるが、その地の銅鉱山がソロモン王の時代から銅の鉱石としてクリソコーラを採掘していた事に因んでいる。クリソコーラはかなりの低温で形成される鉱物で、結晶を見せる事はかなり稀。銅鉱床の酸化帯に褐鉄鉱、藍銅鉱、孔雀石、赤銅鉱等と共出し、葡萄状や皮殻状の塊を成し、時に鐘乳状にもなり、その産出の仕方もトルコ石を思わせる。時に石英、カルセドニー、オパールに鉱染されているものがあり、透明度が素晴らしく高くなり、本来の脆さを微塵も感じさせない。宝石市場ではその様なものを特別に『ジェム・シリカ Gem Silica』という名前で呼ぶ。

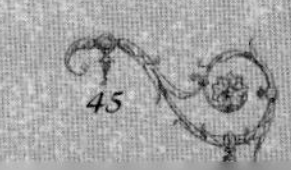

十字石 じゅうじせき

スタウロライト

英語 *Staurolite* 中国語 十字石

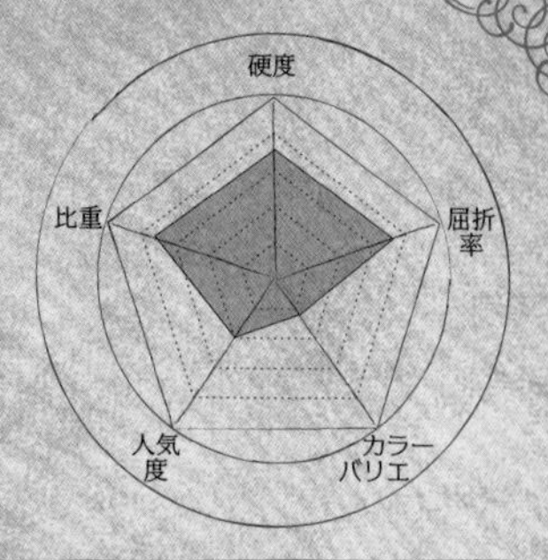

硬度	7〜7.5
比重	3.65〜3.83
屈折率	1.75〜1.77
色	

象徴　魔からの回避

キリスト教徒に愛された魔除けの護符　妖精の十字架

鉱物界には十字架の形に見立てられる石が2つある。1つはアンダリュサイトの変種の『キアストライト』で、“空晶石構造”と呼ばれる柱状結晶の横断面に現れるX字（十字）状の黒い線が十字架を思わせる。

もう1つは本項の『スタウロライト』で、共に16世紀のスペインでは、魔よけの護符としてキリスト教徒に愛好された。

キアストライトの名称はギリシャ語で“十字架”を意味する“chiastos”から名付けられ、スタウロライトの名称はこれもまた“十字”を意味する“stauros”から名付けられている。

スタウロライトの十字は双晶により形成されるもので、前者が線の十字架ならば、こちらは立体の十字であるところから、こちらの方が珍重された。結晶系は単斜晶系だが、外観からは直方晶系の様に見える。この様なものを【擬直方晶系】と呼ぶ。

2つの結晶が90°の角度で交わる十字状のものと、60°の角度で交わるX字状のものがある。この鉱物は断面が細長い6角を成す柱状結晶に成長し、その2つの結晶が双晶して交差するとよく知られた形となるのである。また1本の結晶（単結晶）のままで産出されるものもある。十字状のものには「妖精の十字架」という愛称がある。

スタウロライト、キアストライト共に『クロス・ストーン Cross stone』という愛称で呼ばれる。

スタウロライトは泥質の堆積岩が変成を受けて変化した結晶片岩や片麻岩、その他のアルミニウムに富む広域変成岩中に産出する鉱物で、形成される温度と圧力条件が狭い。したがってスタウロライトを含む岩石の変成条件を推定する際に役立つ。

日本では愛知県や富山県から産出するが、不思議な事にX字状のものは見られるが、はっきりした十字状のものはほとんど見られない。

本来が不透明の鉱物だが、多色性が強いという性質があるので、結晶を観察する角度を変えると結晶面の反射光の色が変化するという特徴がある。

単斜晶系 *Monoclinic system*

黝輝石 ゆうきせき

スポジュミン

別名：リチア輝石

英語 *Spodumene* 中国語 锂辉石

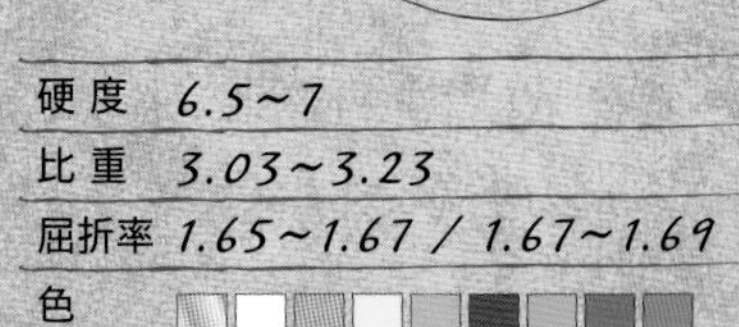

硬度	6.5～7
比重	3.03～3.23
屈折率	1.65～1.67 / 1.67～1.69
色	

象徴　無限の愛と自然の恵み

燃えて灰と化す

結晶を加熱すると砕けて灰色に変化してしまう事から、ギリシャ語で“燃えて灰と化す”という意味の“spodumenos”を語源として名付けられた。

リチウムを主成分とする輝石で、鉱物標本としてのスポジュミンは、200年以上も前から鉱物学者の間では知られていたが、それはただの灰色がかった色や真っ白な色のものでしかなかった為に、宝飾業界ではこの石の存在はほとんど知られていなかった。

意外な事だが、宝石品質のスポジュミンの発見は新しい。1877年になり、ブラジルのミナス・ジェライス州で宝石品質の黄色い透明な結晶が発見された。当時はクリソベリルの仲間と考えられ、多色性が強い事から『トリフェーン Triphane』と呼ばれた。その名前はギリシャ語で“3通りの顔”を意味している。結晶を見る方向によって、それぞれ3つの色が見えるからである。

1879年にはアメリカのノースカロライナ州で緑色の結晶が発見される。新種の石と思い込まれ、鉱山の監督の名前に因んで『ヒデナイト Hiddenite』と命名された。しかし後にクロムで着色されたスポジュミンである事がわかった。

さらに1902年になると、今度はカリフォルニア州から美しいピンク色のスポジュミンが発見される。発見当初はその柔らかなパープル・カラーから“カリフォルニア・アイリス”という愛称で呼ばれたが、まもなくアメリカの高名な宝石学者クンツ博士に因んで『クンツァイト Kunzite』と命名された。

スポジュミンの色は複雑な機構を持っていて、同じ結晶でも産地の違いによっては個性的な色味を示す事で知られている。アフガニスタン産は直射日光を浴びると、ほんの30分くらいでピンク色になり「クンツァイト」に変化する。対してブラジル産の同系統の色の石はピンク色には変化せず、逆に退色して色を失ってしまう。

単斜晶系 *Monoclinic system*

月長石 げっちょうせき

ムーンストーン

英語 *Moonstone* 中国語 月长石

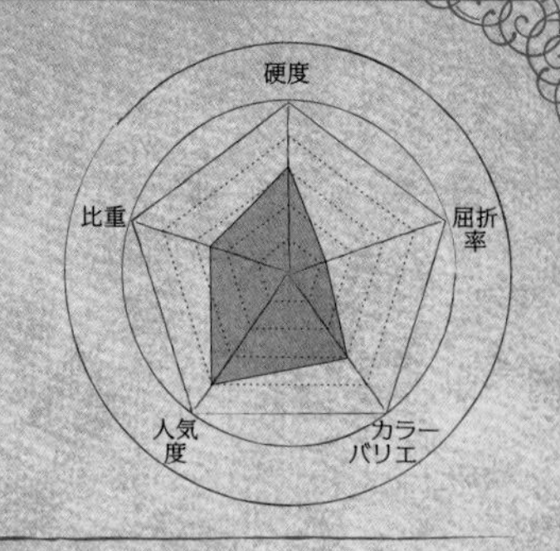

硬度	6～6.5
比重	2.55～2.63
屈折率	1.52～1.53
色	

象徴 悪魔払い、健康 長寿、富貴

月の満ち欠けに呼応し光る

鉱物種名としてのムーンストーンは存在しない。この名前はあくまでも“長石”の中の、特殊でかつ特定の光学現象を見せるものに対する宝石名である。紀元1世紀頃から知られていた宝石だが、その名前は1600年代に使われ始めた様だ。ギリシャ語の“セレニテス selenites”が語源で、当初はセレネー（月）と呼ばれた。では、最初にこの名前が付けられたのはどの長石種だったのかという事になるのだが、それは『オーソクレース Orthoclase（正長石(せいちょうせき)）』を主体とするもので、そこに『アルバイト Albite（曹長石(そうちょうせき)）』種の長石を多数薄く胚胎しているタイプのものである。その様な構造を有する長石の中に光が入りこむと、光は両者の長石の境界面でブルーのスペクトルが散乱して、ボーッとした柔らかな青い光を放つのである。

この宝石の不思議な魅力は紀元1世紀頃から知られていたと見られている。その青白い光は、月の満ち欠けに呼応して光り方を変えると信じ込まれ、インドでは、満月の夜にこの宝石を口に含んで祈ると、愛し合う恋人たちの気持ちが成就されると信じていた。いかにもその様な不思議を与えてくれそうな柔らかな光り方を、正式に［シラー schiller］と呼ぶ。その様な光り方に対して、後の時代に名付けられたものが『ムーンストーン』なのである。

長石の中には、最初にこの名前が与えられた“オーソクレース+アルバイト”の組み合わせばかりでなく、他の種の組み合わせでもブルーのシラーを見せるものがある。ムーンストーンの名前を、石種を語源とするのであれば『ペリステライト Peristerite』という宝石名で呼ばれる“アルバイトの変種”はムーンストーンではなくなる。しかしペリステライトも『アノーソクレース Anorthoclase（曹微斜長石(そうびしゃちょうせき)）』も、美しいブルーのシラーを見せる。ムーンストーンの名前は柔らかな青い光に対して与えられたものであり、鉱物種の組み合わせを名前の発生としたものではない以上、これからもいくつかのムーンストーンが発見される可能性を秘めている。

単斜晶系 *Monoclinic system* ▍集合構造

軟玉 なんぎょく

ネフライト

英語 *Nephrite* 中国語 软玉

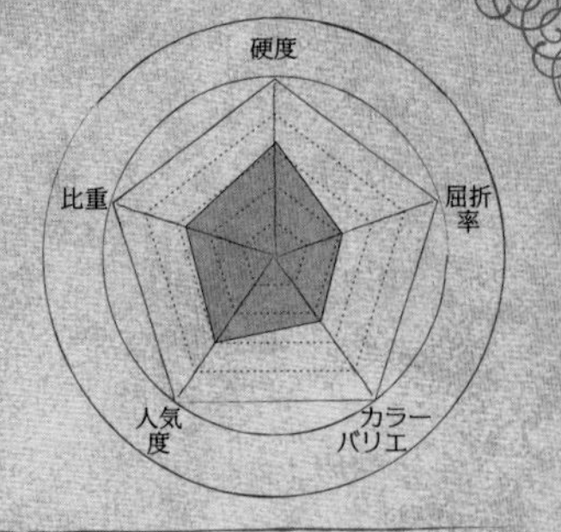

硬度	6〜6.5
比重	2.90〜3.02
屈折率	1.61〜1.62
色	

象徴　高貴、名誉、精神、道徳

不死を約束する力を宿す

この宝石のイメージ・ネームは『ジェード Jade』。かつて新大陸に上陸したスペイン人が、インディオが腰の辺りに石を当てているのを見て、スペイン語で「piedra de hijada（腰の石）」と呼んだ事に由来する。インディオは加熱した石を「温石（おんじゃく）」として医療行為で使っていたのだが、それは古代の先祖達から引き続いて行なわれていた行為であった。インディオ達が使った温石はグアテマラで産出するネフライトだったが、（だが当時インディオが使っていた石は、ジェダイトであったという説もある）それが腎臓の様な形をしていた事から「Lapis nephriticus（腎臓石）」と翻訳されて、そこから英語の『Nephrite』となった。

歴史の経緯から「hijada＝nephriticus⇨ジェード＝ネフライト」という事になったのであるが、それをネフライトとしたのは地質学者のA.G.ウェルナーで、1780年のこと。

ネフライトは古代の中国でも神聖視されていた。その歴史は更に古く、戦国時代（紀元前403〜紀元前221年）の後期にまで遡る。その石は『玉（ユー）』と呼ばれ、持つ者に命を与え、不死を約束する力を宿していると信じられた。古代の中国では死後の魂の肉体帰りを信じていたから、遺体の防腐を願って玉を一緒に埋葬した。そして防腐を更に完全なものとする為に、玉を金糸銀糸で編み上げた衣服を遺体に着せたりもした。

玉は最高の宝石で、今のミャンマーでジェダイトが発見されるまでは、宝玉の中では不動の地位にあった。その中で最も高い位にあったものは『ホータンの白玉（はくぎょく）』で、名玉と呼ばれたものはすべて新疆ウイグル自治区、かつての西域南道のオアシス“和田（ホータン）”に流れる川の中に産したところから『和田玉（わだぎょく）』と呼ばれた。焼き物で最高の白磁（はくじ）が、この宝石をイメージして作られた事は案外知られていない。その白玉は重要な交易品としてシルクロードを通って中国に運ばれ、多くの装飾品や玉器が作られ、大きな玉文化が花開いた。その文化はやがて朝鮮半島を経て我が国へも伝わる。

単斜晶系 *Monoclinic system* ▎通常は集合構造

翡翠輝石 ひすいきせき

ジェダイト

英語 *Jadeite* 中国語 翡翠玉（硬玉）

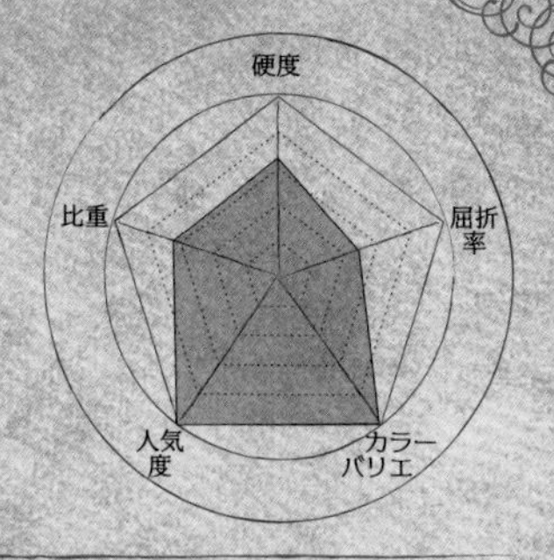

硬度	6.5～7
比重	3.25～3.36
屈折率	1.65～1.66
色	

象徴　福徳、福財、幸運

神聖な鳥、翡翠を思わせた

“翡翠”は本来が漢名（中国名）である。華僑の商人により13世紀にミャンマー（旧ビルマ）で発見されたのがもっとも最初で、中国に持ち込まれたが、その石は古くからもっとも貴重な宝石とされていたネフライト（玉（ぎょく））の質感を持っていた事から、中国人には何ら抵抗なく受け入れられた。

そればかりか、それまでのネフライトよりもカラー・バリエーションが豊富で、しかも神聖な鳥とされていた水辺の鳥“カワセミ（翡翠）”のカラフルな羽の色に似ていたからなおさら特別扱いされた。だがその石を発見した人物はその場所を明かさなかったので、産地は分からず終い。カチンが産出場所と分かったのは18世紀になってからの事。質感の似ているネフライトよりもほんの少しだけ硬い事から、ネフライトの「軟玉（なんぎょく）」に対して「硬玉（こうぎょく）」と呼ばれるが、最大に違うところは、先述した通り、ネフライトとは比ぶべくもないほど多くの色がある事。俗に“翡翠の7色”というが、実際にはそれ以上の色がある。

滴るばかりに鮮やかな緑、青空の様なブルー、血の様な赤、黄色、オレンジ、紫、そして黒色と、不思議な事に石でありながらなぜか暖かみを感じる独特の質感がある。翡翠とは“赤”と“緑”の玉という意味である。石器時代にまで遡る中国の玉器彫刻の文化は、その素材に出会って更なる芸術の世界を開花させた。西太后の翡翠好きは良く知られたところで、側近や諸侯達は競って良質の翡翠を献上した為に、ここで翡翠のグレードランクがほぼ決まったとされる。

日本では今から5000年を優に超える遥か昔、富山県から新潟県にかけての海辺りで縄文人によって発見された。酋長やシャーマンの威厳の象徴として所持されたのだろう。縄文時代の始めに興った糸魚川を中心とする翡翠文化は弥生時代、古墳時代を通して、列島のほぼ全域まで広がり、朝鮮半島にまで玉製品が伝えらている。

しかし、奈良時代になると突如日本の歴史から完全に姿を消してしまう。

単斜晶系 *Monoclinic system* ▌通常は集合構造

孔雀石 くじゃくせき

マラカイト

英語 *Malachite* 中国語 石绿

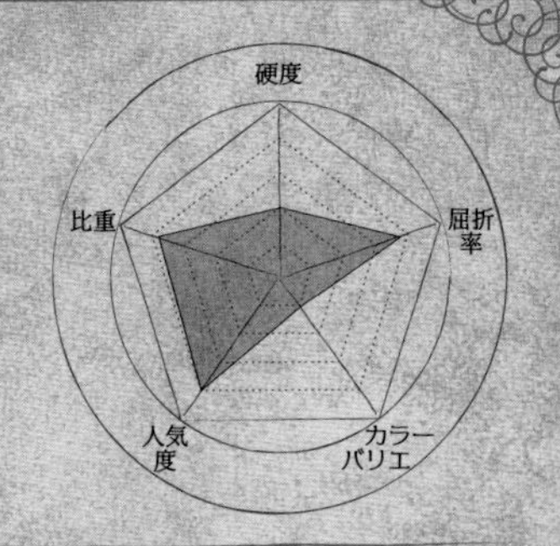

硬度	3.5～4.5
比重	3.60～4.05
屈折率	1.65～1.90
色	

象徴　子の保護、魔と病いの退散

幼児を邪悪から守る力

この石は歴史の中で、“美（び）”という面での使用と、“実（じつ）”という面での使用が別々の次元で進んできた。紀元前3000年頃から、エジプトではこの石を顔料や化粧用に使っていた。クレオパトラはこの石を粉にして油に溶き、アイシャドーとして使ったと多くの本に書かれている。しかしはたしてそれはどうだろうか。

この石は含まれている不純物のせいで肌に付くとかぶれやすい。瞼の皮膚や目は丈夫でないから、おそらく女王の目は兎の目の様に真っ赤だったに違いない。

かつてヨーロッパでは、この石で様々な護符を作った。その1つの使い方として、揺（ゆ）り籠（かご）にその護符を結びつけて愛児を危険から守るという事が行なわれていた。マラカイトの同心状の円紋を目に見立て、その目で邪悪なものを威嚇し追い払おうとしたのである。マラカイトの鮮明なグリーンと模様は特別な魅力で、宝石として使われた歴史も古い。独特の色がこの石の名前の由来で、葵（あおい）科の「ゼニアオイ（Mallow）」の葉のくすんだ色から、ギリシャ語の「マラキー malache」を語源として「マラキーの石」と名付けられたものである。和名『孔雀石』は、縞模様の断面の模様が孔雀の羽根の様に見える事から付けられている。原石の層の状態によって、カットした方向で縞模様となったり同心状となったりして、異なる濃淡の色の差も生じる。その魅力がマラカイトの美の部分である。

東洋ではこの石を粉末にして顔料として使った。日本では岩絵の具として「岩緑青（いわろくしょう）」と呼び、貴重な日本画の材料であった。そしてそれを採る原石を「石緑（せきりょく）」と呼んだ。

では実（じつ）の部分はというと、この石は古くから銅を採る為の鉱石として使われてきた。

紀元前4000年の頃、この石を火にくべるとオレンジピンクに輝く金属が流れ出る事が発見された。人々はこの緑色の石から金属というものを発見し、後の冶金（やきん）の技術に繋がっていく。

単斜晶系 *Monoclinic system*　繊維塊状

虎眼石 とらめいし

タイガー・アイ

英語 *Tiger's-eye*　中国語 虎眼石

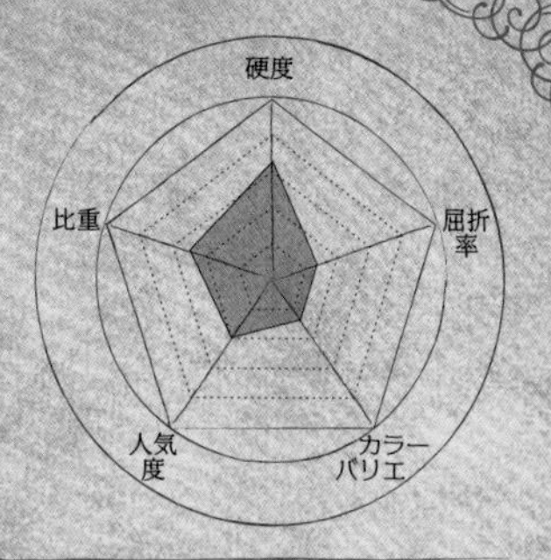

硬度	6.5〜7
比重	2.65
屈折率	1.54〜1.55
色	

象徴　知識、富貴

色の違いが鷹や狼の眼の名を生んだ

［アンフィボール族 Amphibole family］の角閃石の1つである『リーベッカイト Riebeckite（リーベック閃石）』の特殊な光学効果を表わす集合体の宝石変種である。リーベッカイトの結晶の繊維は、特別な名前で「クロシドライト Crocidolite（青石綿）」と呼ばれている。その名前は"羊毛"を意味するギリシャ語の"クロキス"から来ている。

鉱床中に生じたクロシドライトの繊維が石英分で固化されてできる宝石だが、その際に鉱液が鉄分に富んでいると、『ホークス・アイ Hawrk's-eye（鷹眼石）』と呼ばれる宝石種となる。時に『ファルコンズ・アイ Falcon's-eye（ハヤブサの眼）』とも呼ばれる。その鉱床に熱など酸化作用が加わると黄褐色に発色し『タイガー・アイ Tiger's-eye（虎眼石）』と呼ばれるものになる。

双方を比較すると、タイガー・アイでは鉱物繊維は完全に石英で置き換えられており、"仮晶"という状態になっている。したがってタイガー・アイは二次鉱物という見方もできる。

ホークス・アイが黄変する過程でグリーンになるものがあり、『ウルフス・アイ Wolf's-eye（狼眼石）』と呼ばれている。これはどのものよりも珍しい。

部分的に元の部分が残っている原石もあり、2色以上のものが斑状となっており、その模様から『ゼブラ・アイ Zebra's-eye』という名前がある。『ゼブラ・クロシドライト Zebra crocidolite』とも呼ばれているが、日本では『混虎眼石（略して混トラ）』と呼ぶ。それには3つのタイプがあり、多い順に「青と黄色」「緑と青色」、一番少ないのが「青と黄色と緑」のものである。

単斜晶系 *Monoclinic system* ▌繊維塊状

チャロ石 ちゃろせき

チャロアイト

英語 *Charoite* 中国語 紫硅碱钙石

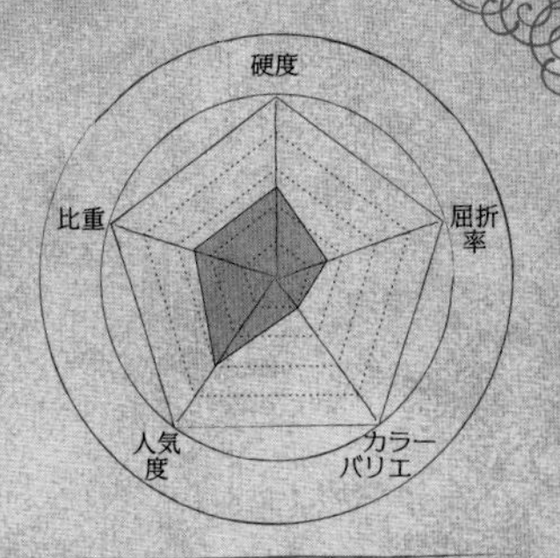

硬度	5~5.5
比重	2.54~2.68
屈折率	1.55~1.56
色	

象徴　持つものを裏切らない

魅惑する宝石

この鉱物を発見したのはイルクーツク工科大学の女性鉱物学者 Dr.V.P. Rogova（ロゴワ）。

彼女はこの鉱物を『カミングトナイト Cummingtonite（カミントン閃石）』と考えていた前任者から、調査と研究を引き継いだが、彼女はそれとはまったく異なる新種の鉱物であると確信していた。ところが研究の途中で、アメリカの鉱物学者がこの鉱物の申請の準備をしているという情報を入手、急遽新鉱物としての申請を行いすんでのところで承認されたという裏話がある。

その鉱物はロシア語の“魅惑する”という意味の“charo”という言葉を使い、「魅惑する宝石」と命名された。1978 年に研究論文が発表されると、東中央シベリア産のこの鉱物はヨーロッパやアメリカは元より、世界中の人々の知るところとなった。

この石の魅力はその名前を裏切らない。一見しただけで正確に識別できるほどに個性的で、ラベンダー、ライラック、バイオレットの色が混じりあい、うねった繊維が個性的。

じつはこの鉱物は、新鉱物として申請される前から、ソビエト国内では装飾石として、花瓶や壷として加工され、またロンドンの鉱物標本商が一手に販売していた。じつはその時の名前がカミングトナイトだったのである。

チャロアイトは、シベリアの Murun 山塊の Chara 川流域に産出する。先カンブリア代から古生代にかけて形成された結晶片岩や石灰岩の層に貫入した霞石閃長岩（かすみいしせんちょうがん）や錐輝石（きりきせき）閃長岩などの“アルカリ閃長岩（せんちょうがん）”との接触帯に形成される変成鉱物である。カリ長石を主とする交代岩の中に単結晶ではなく結晶の集合体として成長するので、低い硬度の割りには緻密で靭性（じんせい）に富み、彫刻などの加工に向いているのである。その点では、ジェダイトやネフライトと内容が似ている。

今も医薬や化粧に使用される 最も軟らかい宝石

多くは塊状で産出されるが、葉片状、繊維状の結晶の集合体を成す事もあり、ごく稀に明瞭な結晶の形を表す。

塊状の石では触感がスベスベしていて、この鉱物名の語源となっている。アラビア語の“滑る石 talq”という言葉から英名は出来ている。その特性から『ソープストーン Soapstone（石鹸石）』という愛称名がある。同じく愛称名として「蠟石」があり、かつて地面等に線を引いて遊ぶ玩具として使われた。しかも、その名前は純粋でないパイロフィライトに対して使われる方が多いのでタルクの愛称名としては使用すべきではない。

触るとひんやりとする感触を持っているから「凍石」という別名もある。
不純物を多く含むものには「サポナイト Saponite」「ポットストーン Potstone」「ステアタイト Steatite」という別名がある。

タルクはモース硬度が 1 ～ 1.5 と鉱物の中でもっとも軟らかく、爪で容易に傷付けられ、スベスベした脂感と合わせて識別は難しくない。白色のものは硬度が低い（モース1）が不純物の存在で色を持つ様になり、その様な石では硬度が高くなる（モース 1.5）。
工業用にも重要な鉱物で、セラミックスの材料や潤滑剤、医薬品、化粧品など多方面に利用される。芳香と吸汗の役目をもつタルカムパウダー（ベビーパウダー）にはタルクの微粉末が使われており、上質な西洋紙には多量のタルクが混入されている。高級な書物が重いのはその為である。

タルクは漢方薬（石薬）としても使われており、利尿、消炎作用があり、膀胱炎や尿道炎、尿利減少、口渇等の症状に対して処方されている。

古墳時代の中期から後期（紀元後 400 年～ 700 年頃）にかけて、灰色がかった緑色の『滑石』や『滑石片岩』等を使い、各種の器物（勾玉・剣等）の形をまねて古墳などに副葬する祭祀用品が作られた。これを[石製模造品]と呼んでいる。

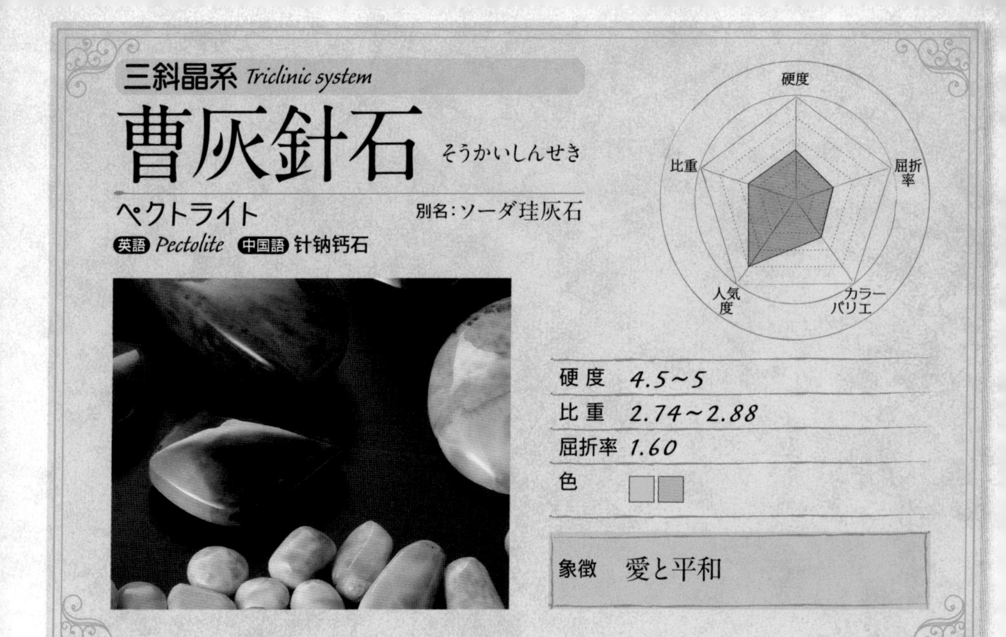

カリブ海の宝石

ペクトライトの鉱物名称はその産出形状から付けられた。多くの場合、この鉱物は緻密な細針状の放射状集合体として産出し、その状態が固まった様に見える事から“凝結した、固結した、接着した”という意味のギリシャ語の“pektos”を語源として付けられたのである。つまり語源自体に“緻密な塊り”という意味をもっている。

この鉱物、白色のものが普通だが、淡い褐色や黄色のものも見られるが、ごく稀に淡くピンク色を帯びたものがあるが全体的に地味である。したがってかつてこの鉱物の名前は宝石業界ではほとんど知られていなかった。

それを大きく変えたのは、1974 年にドミニカの南部にあるパオル村でノーマン・ライリングが発見した数個のトルコ石の様なブルーの石である。

しかし当初はこの石の名前は分からないまま、翌年にはサントドミンゴの宝石店の店頭に並んでいたといわれているが、その後土地の住民で宝石商でもあるミゲル・メンデスと鉱床の一部の土地の所有者のルイス・ヴェガが共同で採掘会社を設立して商標を『トラベリナ Travelina』としたが、後に『ラリマール』と変更した。

そのラリマールという名前、じつは現地の宝石商が愛娘のあだ名“ラリ lari”と海というスペイン語“マール mar”を合わせて作り出したものであるが、1985 年にアメリカ人の宝石商C・マークが、ラリマールを［カリブ海の宝石］と呼んで売り出した事から、名前の美しさと模様の面白さから次第に人気が高まり､ドミニカの「アンバー」と、西インド諸島の「コンク・パール」と共に“カリブ海の三大宝石”と呼ばれて人気が高くなっている。

現地ではラリマールと呼んでいて最初日本へはその読み方で伝わった。しかし今では英語発音のラリマーの方が一般的となっている。

だがその名称は鉱物名ではなくローカル・ネームである。正式には『ブルー・ペクトライト Blue pectolite』というが、こちらの方が正式でありながらもあまり知られていない。

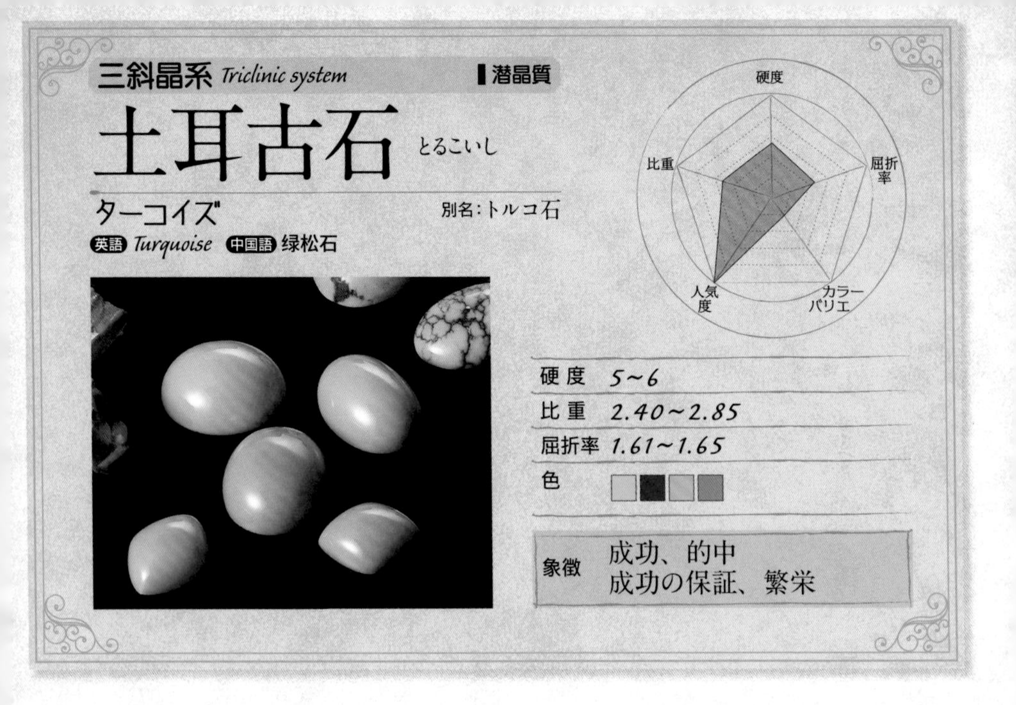

天上の神々の力が宿る

この宝石に接した世界中の人々の間で、例外なく“天の宝石”とされた。

中東とアジア、南米大陸がこの宝石の産地として知られるが、そこに住む民族の間ではその色に天上の神々の力が宿っていると考えられ、中東のイラン（かつてのペルシャ）やエジプトでは、今から6000年前の昔にすでに装飾用に使用する目的で採掘されていた。もっとも最初は、自然崇拝の感覚で神聖な石として取り扱われたが、次第に天の精霊に捧げるという姿勢で身に着ける様になっていった。民族によりいくぶん宗教観の違いはあった様だが、中東では、あくまでも天空神に捧げるという目的で、宇宙観のある宝石「ラピス・ラズリ」と組み合わせて用いた。アジアと南米大陸では、天が人間に授けた“血の滾り”を宿していると考えた「赤い珊瑚」とトルコ石を組み合わせている。

この宝石は特にネイティブ・アメリカン（インディアン）にとっては特別神聖なものであった。中でもナバホ族は天により近づく為にもっとも高い山に登り雨乞い等の儀式を行なった。この石を粉にして山上の台地に呪文や紋様を描き、自らの体にも描き祈りを捧げた。その事から、この宝石には『スカイ・ストーン Skystone』の別名がある。

じつは古代の人々が、この宝石に力が宿ると考えたのには理由がある。トルコ石は、地下水に溶けている成分から微細な結晶粒が集合した形で誕生する。したがってその結晶粒の間には常に水分が存在している。トルコ石は地中から採掘されるとたちまちその水分を放出して乾燥する。中央アメリカのアステカ族は、この宝石には魔力があり、持ち主に危険が訪れると色が褪せると信じていた。所持している人がしょっちゅういじっていると、水分の蒸発によって生じた結晶粒の隙間が人の手の油を吸収して、次第に生き生きと透明感を増してとても美しい宝石に変化してくる。この辺りの変化の状態がとても神秘的に感じられ、おそらくは人知の及ばない世界のものと捉えられたのだろう。

非晶質 *Amorphous*

琥珀 こはく

アンバー

英語 *Amber* 中国語 琥珀

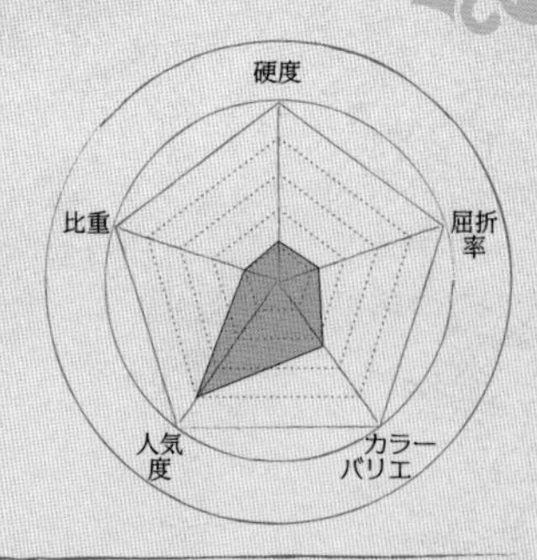

硬度	2〜2.5
比重	1.05〜1.10
屈折率	1.54
色	

象徴　家長の威厳、帝王、長寿

太陽の光が閉じ込められた人魚の涙伝説を生む

琥珀という名前は本来が中国名。古くは「虎魄」と書いた。その色から虎の魂が土の中で石となったものと信じられた。だがその正体は植物が流した樹液中の樹脂が長い年月の間に固まった化石。英名の Amber は、アラビア語で「竜涎香(りゅうぜんこう)」を意味する anbar から転化した。その竜涎香は抹香鯨(まっこうくじら)が吐き出した体内生成物で、その軽さから海を漂い、燃やすととてつもなく良い香りがアンバーそっくり。アンバーもまた海を漂って、燃やすと良い香りがする。その時の燃え方がまた特殊。最初はチロチロと燃えるが、突然派手に燃え出し、タール状の煙を上げる。その様な状況を見て、古代の人々はこの石が未知数のパワーを秘めていると考えた。

最初はバルト海の岸辺に打ち上げられたものが発見され、その不思議な美しさをギリシャ人は太陽の光を閉じ込めたかの様な黄色と海水に浮く軽さから、海に沈んだ夕日の精が海底で固まり、浮き上がって海岸に打ち上げられたものと考えた。ニシアスはそれを「太陽の石」と呼び、その嗜好はローマ人にも伝えられた。その後ヨーロッパでは「人魚の涙説」という伝説も生まれた。海の女神ユーラテが人間の漁師との愛を成就できない悲哀に嘆いて流した涙が琥珀になったと信じられた。

18 世紀の始め頃まで琥珀の故郷は海だと考えられていたが、内陸でも地層の中から次々と見つけ出された。しかしそれらの中には性質が脆いものが多い事に気付く。樹脂がアンバーの様な硬さにまで固化するのには凡そ 3,000 万年以上はかかるから、年代が新しいものでは性質が脆くてそれらは『コーパル Copal』と呼んで区別され、溶かして香料や薬品、塗料等を作るのに使われた。しかし肉眼で両者を区別するのは困難であり、その為かアンバーという名でコーパルが売られている事もある。

アンバーは宝石としての魅力ばかりではなく、化石界に於ける“タイムカプセル”でもある。そこに閉じ込められている昆虫や植物の種類によっては特別に希少なものとなる。

非晶質 *Amorphous*

蛋白石 たんぱくせき

オパール

英語 *Opal* 中国語 蛋白石

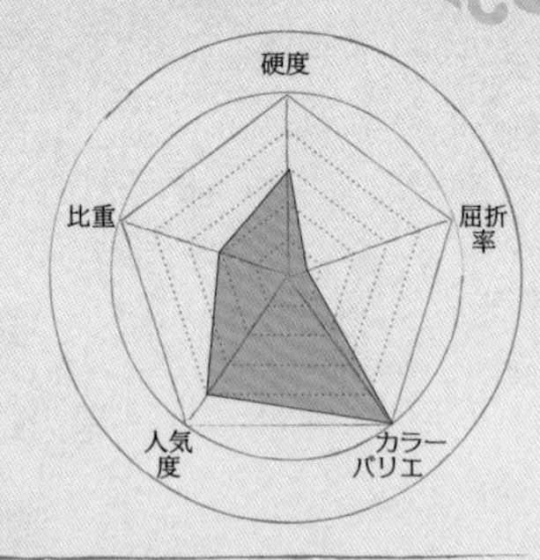

硬度	5.5～6.5
比重	1.99～2.25
屈折率	1.44～1.46
色	

象徴	安楽、忍耐、名誉の保護 心眼、希望

小さな宝石が詰まった虹色に光る宝石

オパールはギリシャ、ローマ時代に上層階級で特に愛好された宝石だが、当時はサンスクリット語で『ウパラ upala』と呼ばれていた。“最上の宝石”という意味があったが、当時の人々には虹色に光る原因がわからない。そこで、赤い宝石や青い宝石、緑、黄色、紫色の小さな宝石が詰まっている特別な石だと考えた様だ。

じつはオパールが様々な色に光るのは、この鉱物のもっている独特の構造の為。オパールは目では見えないミクロンサイズの珪酸（SiO_2）の球が無数に集まって出来ている天然のゼリーの様なもの。その球が特定のサイズで三次元的に整然と積み重なると、光がその球の透き間を通過する時に虹のスペクトルに分かれて光るのである。この現象を【回折（かいせつ） diffraction（ディフラクション）】と呼ぶ。しかし球のサイズがバラバラだったり重なり方が乱れているとまったく光らない。

宝石の世界では、虹色に光る方のオパールを『プレシャス・オパール Precious opal』、光らない方を『コモン・オパール Common opal』と呼び分けている。ウパラは天然の回折格子を持つ宝石だったのである。オパールを観察する方向を変えると、虹の色は変化して動く様に見える。その事からそれを「play of colour（プレイ オブ カラー）」と呼び、日本では“遊色効果（ゆうしょくこうか）”と訳している。

ところで当時のウパラがどこから産出されたものだったかというと、今のスロバキアのプレショフの近郊のものといわれている。現在は『ハンガリアン・オパール』と呼ばれるが、あまり鮮明に光らず、後に現れたオーストラリア産のものにその座を奪われた。

非晶質 *Amorphous*

黒曜石 こくようせき

オブシディアン

英語 *Obsidian* 中国語 黒曜岩

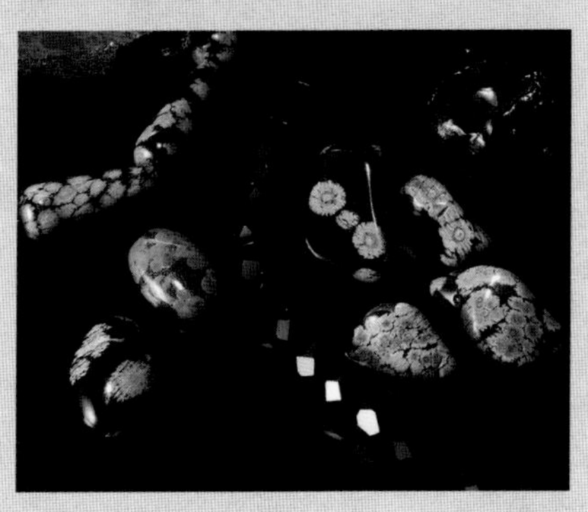

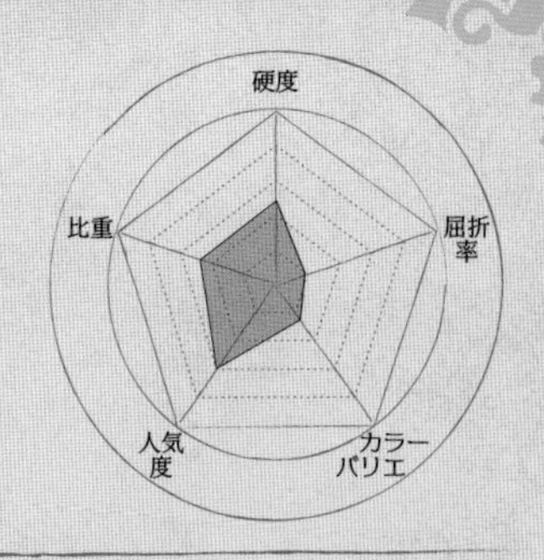

硬度	5
比重	2.33〜2.42
屈折率	1.48〜1.51
色	

象徴　心眼、名誉の保護

原始の文明を支えた

この石は宝石として使われるよりも道具として使われた歴史の方が遥かに長く、真っ向から石器時代を支えた石である。叩き割ると鋭い割れ口が生じるから、ナイフや矢尻を作るのには格好の素材で、石器時代から交易の材料として使われ広範囲に運ばれていた。

正体は天然のガラス。本来ならば地球の内部でゆっくりと冷えて流紋岩等になったはずが、火山活動で地表に噴出してほとんど瞬時的に冷えて固まってしまったもの。噴出した溶岩塊は外縁部から次第に冷却して「マイクロライト Microlite」と呼ばれる微結晶を形成する。「クリスタライト Crystallite (晶子(しょうし))」とも呼ばれるが、それが様々な光学現象を生む。

オブシディアンは『グラス・ラーバ Glass lava』とも呼ばれる。ラーバは溶岩の事で、概念的に“鉱物”だが、じつはれっきとした“岩石”。正式には『黒曜岩(こくようがん)』という。

古代のギリシャ人はこの石を鏡として使っていた様だ。メキシコ人やネイティブ・アメリカンも、打ち欠いた平らな面を磨き上げて反射鏡として通信の手段とした。

オブシディアンは、地味な色でありながら味わい深い色感を持つ宝石で、“黒曜石の瞳”などと詩的にも表現され、文学作品にも登場している。

かつて日本では『烏石(からすいし)』とか『漆石(うるしいし)』という名前で呼んでいた。

溶岩が形成されていく過程で色の分化が生じ、赤と黒の『マホガニー・オブシディアン』も生まれる。

冷却する過程で微細な気泡の集団が発生して、シーン効果を見せるものもある。金色や銀色、グリーンや灰色に光るが、中には虹色に輝く『レインボー・オブシディアン Rainbow obsidian』も知られる。その溶岩は冷却の時間と共に結晶化して【脱ガラス作用（失透(しっとう)という)】を起こす傾向があり、その過程で石英の一種の「クリストバライト」の白点紋が生じ『スノーフレーク・オブシディアン』とか『フラワー・オブシディアン』と呼ばれるものを形成する。

非晶質 *Amorphous*

黒玉 こくぎょく

ジェット

英語 *Jet* 中国語 煤玉

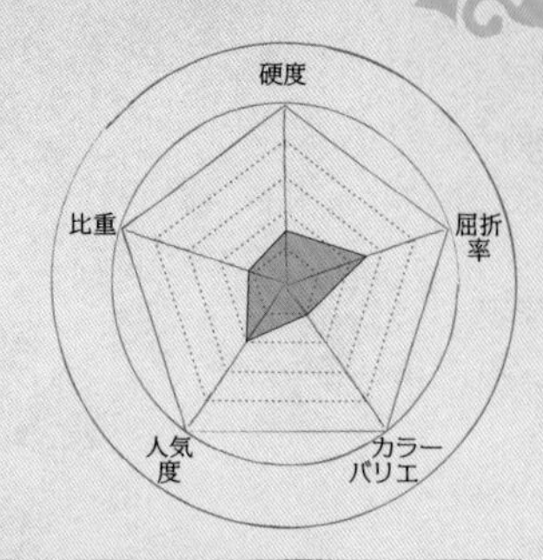

硬度	2.5～4.0
比重	1.30～1.35
屈折率	1.66
色	■■

象徴　警戒の役目
動揺の沈静化

魔を撃退し、寄せ付けない力

ヨーロッパでは有名なジェットだが、1990年以前の日本では、宝石としてはほとんど知られていなかった。今では「モーニング・ジュエリー Mourning jewellery（喪の宝石）」として我が国でも知られているが、それはアンティークの業者が、"ヴィクトリア女王が喪に使った宝石"として持ち込んだからである。だが、本来は哀悼の目的で使ったものではなかったのである。

燃やすと派手に黒煙を上げる事から、古代人はこの石には魔を撃退し寄せ付けない力があると考え護符として使っていた。

この宝石の歴史は旧石器時代にまで遡る。ヨーロッパの遺跡からは、生活の場から多くのジェットが発見されている。ローマ時代にプリニウスにより書かれた『博物誌』の中に、ギリシャでは『ガガーテース Gagates』と呼ばれていたと書かれている。最初の産地である町の名前 Gagai に由来した呼び名で、後にラテン語になり、最終的に英語の『ジェット Jet』に転じた。その呼び名は、今、ジェットの別名『ガゲート Gagate』として残る。ジェットを特に好んだのは古代ローマの人々である。

それが一転して喪の宝石として使われたのは、18世紀に入ってから。もともとイギリスのヨークシャーの小さな漁村ウィットビーの人々は、海岸から掘り出されるジェットでブローチやロザリオなどを家内工業的に作っていたが、ウィリアム4世の葬儀の時に王室の人々は、そのジェットのネックレスを喪服に着けた。喪服が薄く、ブラック・オニクスの様な重い素材のアクセサリーは使う事ができず、その代わりに軽いジェットが選ばれたのである。ジェットをモーニング・ジュエリーとして決定付けたのはヴィクトリア女王。1861年に夫アルバート公を亡くした後、40年の長きにわたってジェットを身に着けていたといわれる。

非晶質 *Amorphous*

テクタイト/モルダバイト

テクタイト / モルダバイト

英語 *Tektite / Moldavite* 中国語 熔融岩／莫尔道熔融石

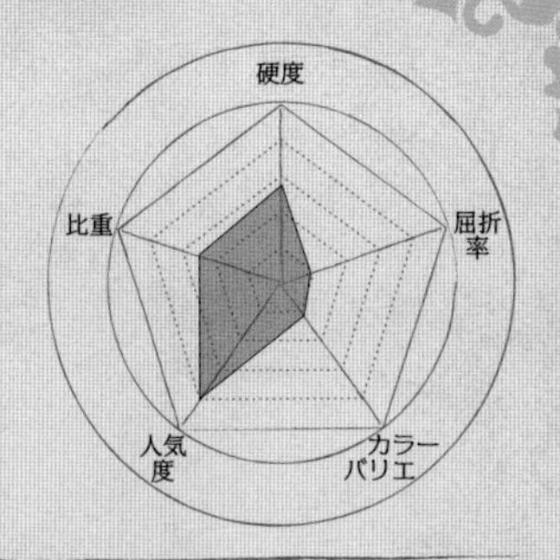

硬度	5～6
比重	2.21～2.96
屈折率	1.46～1.52
色	

象徴　霊力の向上
生命力と調和力

天の火の真珠

「テクタイト」の名前は、その特異な形が起源となっている。その表面が溶けた様に見え、さらにその形が人為で作った様も見える事から、ギリシャ語の“溶けた”“型にはめた”という意味の tektos に由来している。発見地により固有の呼び名を持ち、モルダバイトもそのひとつ。1787 年に最初にチェコのモルダウ川の沿岸で発見された事に因んで呼ばれたものだが、他の産地のものにも特別な名前が付けられている。従ってモルダバイトはテクタイトというグループの 1 つという事になり、本来は 1 つに纏めるべきだが、市場ではその色から特別に取り扱われている。

テクタイトは地表にバラ蒔かれた状態で発見されるところから長い間その成因が分からず、古くから学問的な論争を生んできた。“地球起源説”と“宇宙起源説”である。地球起源説は、オブシディアンに似ているところから、地球の内部から噴出して丸くなったというもの、宇宙起源説は、ガラス質の隕石である、というものである。

この石は他にも多くの想像を掻き立てた。中には“古代人が作った呪いの遺物”“超古代文明を作った過去の人類の核戦争の産物”等という夢を掻き立てるユニークな説もあった。

しかし現在ではその成因は完全に解明されている。その正体は、巨大な隕石が地球に落下した時に、その衝撃で地表の岩石が跳ね飛ばされ、その際の圧力と熱により瞬時に融解、空中を飛散しながら急速度で冷却して固まったもので、天然のガラスである。

モルダバイトは、およそ 1500 万年前に今のドイツの南のネルトリンゲンに落下した隕石が形成した「リース・クレーター」がその故郷。そこから 250km も離れたモルダウ川周辺にシャワー状に散らばった事が解明された。

東南アジアでは、古代から神聖なものとして「天の火の真珠」と呼ばれた。儀式の際の道具として使われてきたが、超古代の人が隕石激突による飛散物を目撃した事を口伝して生まれた呼び方かもしれない。

不定 *Mineral aggregate (Not determined)*

隕石 いんせき

メテオライト

英語 *Meteorite* 中国語 隕石

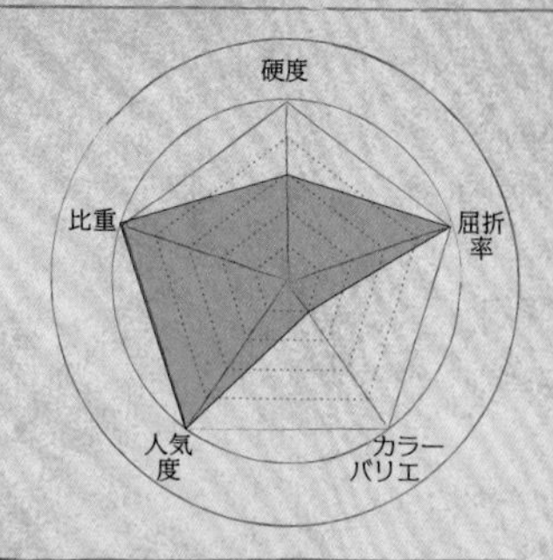

硬度	不定
比重	不定
屈折率	不定
色	■■■

象徴 病魔の撲滅
天空からの指示

天空の神の怒り

語源はギリシャ語の“meteoron”で“空の上のもの”を意味した。中世期のヨーロッパでは、轟音と共に火の玉となって落下するところが目撃されたことから、天空の神の怒り、この世の終わりと考えられ、恐れられたようだ。

紀元前500年頃に書かれた中国の「春秋左氏伝」の中に、『隕星(いんせい)』という文字が登場する。“隕”は訓読みでは“おちる”と読み、“こぼれ落ちた”という意味があるから、“落下してきた星”という意味で使ったものである。

メテオライトは太陽系にある地球以外の天体から地球の軌道に入り込んできたもので、その故郷は火星と木星の間の「小惑星帯」と呼ばれる場所である。そこには、太陽系の中で地球が形成された時期とほぼ同時期に形成された小惑星のかけらが存在する。その場所で、その小惑星のかけらどうしが衝突して、『メテオロイド』と呼ばれる流星物質が作られ、それらが軌道を離脱、地球の軌道に入り込む。ほとんどのものは大気圏を通過できず、摩擦熱により燃え、気化しプラズマとなり、それらが発光の原因となり流れ星となって見える。蒸発しなかったものが地表に落下する。それが隕石で、放射性元素の測定から、その多くのものは46億歳の年齢を示し、地球の形成時の情報を持つ。

大きく3つのタイプがあり、金属からなる鉄質(てつしつ)隕石(隕鉄(いんてつ)ともいう)、岩石である石質(せきしつ)隕石、それらの中間のタイプの石鉄(せきてつ)隕石に分類される。

地球上に落下してくる隕石の数の年間およそ2万個のうち、3分の2は海に落ちると考えられている。落下する隕石の中で石質隕石が90%以上を占めると試算されるが、地球上の岩石とよく似ている為発見されにくい。対して隕鉄は重いという事からも普通の石との区別がたやすく、発見され易い。しかし酸素の多い地球上では隕鉄は酸化して、切断すると急速に錆び始める。隕石中でもっとも魅力的なのが『パラサイト Pallasite』と呼ばれる石鉄隕石である。“寄生するもの”という意味があり、隕鉄の母体中に黄色いペリドットが点在している。

不定 *Mineral aggregate (Not determined)*

青金石 せいきんせき

ラピス・ラズリ／ラズライト

英語 *Lapis-Lazuli / Lazurite* 中国語 琉璃壁

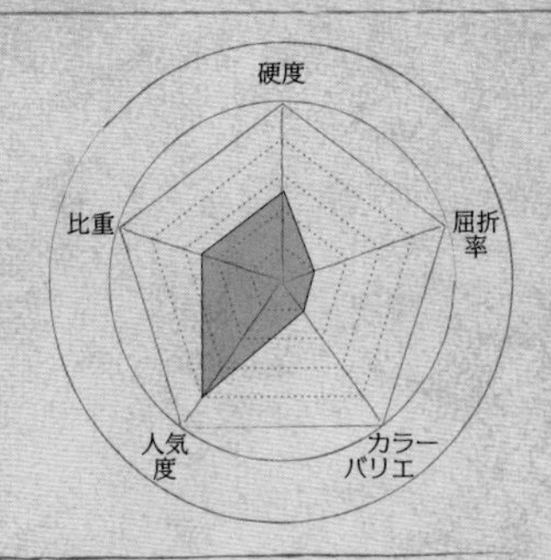

硬度	5〜5.5
比重	2.38〜2.95
屈折率	1.50
色	■■（■□ 斑）

象徴　健康、愛和

いかなる者にも冒されない魔除けの力

古代エジプトの人々は数千年の長きにわたってこの石を宝石に使ってきた。初めてこの石を見た人はかなりの衝撃を受けただろう。金色の点在するブルーは他の宝石に類を見ず、アラビアの深い夜空を思わせる。青の色には魔を寄せ付けない力があると信じられ、そこにいかなる者にも冒されない力を持つと信じられた金の色が組み合わされている事から、この石は最初は護符として使われた。この青い石を、ギリシャでは『サッペイロス Sappeiros』、ローマでは『サッピールス Sappirus』と呼んだ。サファイアという宝石の名前は、当時はラピス・ラズリの方を指していたのである。

当時その宝石を産したのはアフガニスタンのバダクシャンで、シルク・ロードを通ってヨーロッパへ運ばれてきた。後には船を使って地中海を渡り、そこで“はるばる海を越えてきた”という意味で“ウルトラマリン ultramarine”という名前が生まれ、そこから「ウルトラマリン・ブルー ultramarine blue」の語ができたのである。

この宝石は、紀元前から中国でも装飾品として使われており、シルク・ロードで東方にも運ばれていた。そこでは船を使って海を越え、日本へも伝えられた。奈良の正倉院にはこの宝石を使った装飾品が残されている。“岩絵の具”としても使われて『群青（ぐんじょう）』と呼ばれた。宝石や鉱物の世界ではこの宝石を青金石と呼んでいるが、『瑠璃（るり）』もよく知られた和名のひとつである。るりとは「七宝（しっぽう）（七珍（しっちん））」の１つに対しての呼び名。

中世期のヨーロッパの画家達はこの宝石の顔料を使って絵を描き、宮廷画家は壁画や祭壇をその美しいブルーで飾った。その時に『ラピス・ラズリ』の名前が生まれたのである。それは民族を越えた創作語とも言えるものであった。“ラピス lapis”は石を意味するラテン語。そこに青い色を意味する“ラズリ lazuli”が付く。語源となったのはアラビア語の“アル・ラズワルト al-lazward”で、これは中世紀の名前をそのまま現代に伝えている唯一のものである。

2020年の今日、世界中で進化を続ける新型コロナ・ウィルスの感染によって多くの人が亡くなっていくという、恐ろしい未曾有の事態が進行している。このまま治療薬もできないと人間の大半がいなくなり、宝石界の人間も消えてしまうかも知れない。
そんな中、ふと 宝石の歴史の作られ方というものに気付いた。美しさや不思議さの魅力は、その全てがイメージの上に作られていて、それに係わった人々も今はなくその魅力は人の記憶のDNAの中に組み込まれて連綿と伝えられている。
今回、改めて宝石にまつわるイメージをまとめてみた。100年後になっても宝石の魅力が実態として残る事を信じて。

著者：飯田孝一・いいだこういち

日本彩珠宝石研究所所長。1950年生まれ。1971年今吉隆治に参画「日本彩珠研究所」の設立に寄与。日本産宝石鉱物や飾り石の世界への普及を行う。この間、宝石の放射線着色や加熱による色の改良、オパールの合成、真珠の養殖などの研究を行う。1985年宝石製造業、鑑別機関に勤務後「日本彩珠宝石研究所」を設立。崎川範行、田賀井秀夫が参画。新しいタイプの宝石の鑑別機関として始動。2001年日本の宝石文化を後世に伝える宝石宝飾資料館を作ることを最終目的とし、「宝飾文化を造る会」を設立。現在同会会長。2006年天然石検定協議会の会長に就任。終始"宝石は品質をみて取り扱うことを重視すべき"を一貫のテーマとした教育を行い、"収集と分類は宝飾の文化を考える最大の資料なり"として収集した飯田コレクションを、現在同研究所の小資料館に収蔵。

【日本彩珠宝石研究所】〒110-0005 東京都台東区上野5-11-7 司宝ビル2F
TEL.03-3834-3468 FAX.03-3834-3469 saiju@smile.ocn.ne.jp http://www.saijuhouseki.com

クリエイターの為の宝石事典

2020年9月10日　初版第1刷 発行
2023年8月22日　初版第5刷 発行

著　者　飯田 孝一（日本彩珠宝石研究所 所長）

写　真　小林 淳（一部をのぞく）

写真提供　p.2-3 Kris Wiktor/shutterstock.com ／ p.4-5 Catmando/Shutterstock.com
p.6-7 Bule Sky Studio/Shutterstock.com、fotohunter/Shutterstock.com
p.12-13 Trifff/Shutterstock.com

デザイン　シマノノノ
編　集　島野 聡子
発行人　浅井 潤一
発行所　株式会社 亥辰舎

〒612-8438 京都市伏見区深草フチ町1-3 TEL.075-644-8141 FAX.075-644-5225
http://www.ishinsha.com

定価はカバーに表示しています。 ISBN978-4-904850-91-6 C1040